W0275305

EXLIBRIS
GEORG NETZER

Verständliche Wissenschaft

Achtundzwanzigster Band

Erdöl

Von

Karl Krejci-Graf

Springer-Verlag Berlin Heidelberg GmbH 1936

Erdöl

Von

Karl Krejci-Graf
Berlin-Lichterfelde

1. bis 5. Tausend

Mit 30 Abbildungen

Springer-Verlag Berlin Heidelberg GmbH 1936

ISBN 978-3-642-89075-8 ISBN 978-3-642-90931-3
DOI 10.1007/978-3-642-90931-3

Ursprünglich erschienen bei Julius Springer in Berlin 1936
Reprint of the original edition 1936

Vorwort.

Krieg und Nachkriegszeit haben der Welt die Bedeutung der flüssigen Treibstoffe eindringlich vor Augen geführt. Die „Welle von Erdöl“, auf der die Alliierten schwammen, die „Benzinkultur“ der Vereinigten Staaten, sind zeitweise Schlagworte gewesen. Bedeutende Nachkriegskonflikte drehten sich um das Erdöl von Persien, Irak, Sachalin, Bahrein, letztlich um die Rickett-Konzessionen in Abessinien und die Ölsanktionen gegen Italien.

An der Spitze der erdölfördernden Staaten stehen mit 61% die Vereinigten Staaten, dann folgen mit 11 und 10% Sowjetrußland und Venezuela. Dagegen beträgt Deutschlands Anteil an der Erdölförderung der Welt nur 0,2%, Frankreichs Anteil nur 0,03%.

Diese ungleiche Verteilung der Erdölvorkommen hat ihre Ursache in der Entstehung des Erdöls aus Gesteinen, die sich nur unter seltenen Bedingungen bilden.

Die Erkenntnis dieser Bedingungen beruht auf einer Zusammenschau neuester Forschungsrichtungen, besonders der Limnologie (Seenkunde), Hydrobiologie und Geochemie. Diese Forschungsrichtungen sind auch den meisten Erdölfachleuten nur ungenügend bekannt; sie mußten daher nacheinander, entsprechend dem Fortschreiten der Fragestellung, zusammenhängend behandelt werden. Ein wiederholtes Abweichen vom Hauptthema, und die wiederholte Erörterung mancher Beobachtungen, wurde dadurch unvermeidlich. Nur auf diesem Wege aber läßt sich schließlich eine gesicherte Anschauung über die Entstehung des Erdöls gewinnen. Eine solche Anschauung aber ermöglicht erst die Beurteilung der Aussichten einer Eigenversorgung Deutschlands mit Treibstoffen, eine Beurteilung des durch Bohrungen, im Erdölbergbau und Ölschieferbergbau und durch Erdgasgewinnung zu deckenden

Anteils, woraus sich wiederum Notwendigkeit und Umfang der Arbeiten zur Kohleverflüssigung ergeben. So stehen die hier vermittelten Forschungen in Beziehung zu lebenswichtigen Fragen des Aufbaues unserer Wirtschaft.

Eine große Anzahl von Forschern und Instituten hat meine Arbeiten mit Forschungen, Rat und Material unterstützt; in freiwilliger Arbeitsgemeinschaft arbeitet eine größere Anzahl von Forschern mit mir an der Lösung dieser Fragen weiter; ich möchte ihnen allen auch hier für ihre Mitarbeit danken. Für jede Anfrage, Rat oder Kritik aus der Praxis, besonders aber für Material für weitere Forschungen, werde ich stets besonders dankbar sein.

Berlin-Lichterfelde, 8. März 1936.
Mittelstraße 9.

Karl Krejci-Graf.

Inhaltsverzeichnis.

Einleitung.

Das Erdöl ist eines der wichtigsten Massengüter der Erde. Die Erdölförderung von 1934 ergäbe in Waggons verladen einen Zug, der viermal um den Äquator gewickelt werden könnte; die Stahl- und Eisenerzeugung desselben Jahres ergäbe nur einen Zug von der doppelten Länge des Äquators[1]. Der Wert der Erdölerzeugung von 1934 betrug, nach den niedrigen amerikanischen Preisen berechnet, rund 4 Milliarden Mark; die Golderzeugung von 1934 hatte einen Wert von 2375 Millionen Mark; die Erzeugung von Stahl und Eisen des Jahres 1934 hatte einen Wert von rund 5½ Milliarden Mark.

Dabei ist es noch keine hundert Jahre her, daß man Erdöl im großen ausbeutet und verwertet. Als Colonel Drake 1859 die erste erdölliefernde Bohrung niedergebracht hatte, wurde das Öl als Medizin, der Liter zu 1,10 Mark, verkauft. In den nächsten Jahren wußte man von den Destillationsprodukten des Erdöls nur das Leuchtöl zu verwenden, das Benzin wurde weggeschüttet oder verbrannt. Noch in den Chemielehrbüchern der achtziger Jahre des vergangenen Jahrhunderts wird als Verwendung des Benzins nur angegeben: „Fleckputzmittel". Heute sind Benzin und andere aus Erdöl erzeugte Treibstoffe weitaus die wichtigsten Treibmittel für Fahrzeuge aller Art: Mehr als die Hälfte aller Schiffe und fast alle Autos werden mit Erdöltreibstoffen angetrieben, und die ganze Motorfliegerei hängt von den Erdöltreibstoffen ab.

Bekannt waren Erdöl und verwandte Stoffe (Asphalt = Erdpech; Erdteer, Erdwachs) schon seit Urzeiten. Schon die Pfahlbauern der mittleren Steinzeit verwendeten Asphalt zum Festkitten ihrer Steinwerkzeuge an den Stielen. Die alten

[1] Der Waggon zu 15 Kubikmeter Öl bzw. 15 Tonnen Eisen, und zu 8 Meter Länge gerechnet.

Ägypter und Peruaner verwendeten Erdpech bei der Herstellung der Mumien. Ägypter, Babylonier (1. Mos. 11, 3), Azteken, und Peruaner der Vor-Inka-Zeit, verwendeten Erdpech als Mörtel; die Alt-Peruaner verwendeten es auch, um Tongefäße wasserdicht zu machen. In uralten babylonischen Sagen (Gilgamesch-Epos) wird vom Erdpech und Erdteer erzählt: Die Mutter König Sargons I. setzt ihr Kind in einem mit Erdpech gedichteten Binsenkörbchen aus. In der Sintflutsage wird das Rettungsschiff mit Erdpech gedichtet. — Die Juden haben dann diese Sagen in die Bibel übernommen (2. Mos. 2, 3; 1. Mos. 6, 14). Aber auch in arabischen und jüdischen Sagen spielt das Erdöl eine Rolle: so gibt zum Beispiel Balkis, die Königin von Saba, Salomon ein Rätsel über Erdöl auf; Nehemia läßt ein „dickes Wasser", genannt Nephtha, über Holz und über Opfer gießen, und als die Sonne „heraufgekommen war und die Wolken vergangen, da zündete sich ein großes Feuer an" (2. Makk. 1, 20—36; vgl. auch 1. Kön. 18, 34—38). Auch vom Alexanderzug wird Erdöl mehrfach erwähnt. Verwendet wurde es als Medizin, sowie als Lampen- und Schmieröl; dann, wegen seiner leichten Entzündbarkeit, als Feuerwerk bei Opfern und im Kriege („griechisches Feuer").

Erst beträchtlich später erzählen auch deutsche Sagen von Bitumen[1].

Um 860 kam der Riese Haymo auf der alten Römerstraße ins Inntal. Er war zwölf Werkschuh und vier Zoll groß (3,90 m). Keiner war ihm gewachsen als der Inntaler Bauer Thyrsus, der auch ein Riese war. In Leiten, zwischen Seefeld und Zirl, traf Haymo einst den Thyrsus schlafend an, und verwundete ihn; mit einem ausgerissenen Baumstamm wehrte sich der Bauer gegen den gepanzerten Ritter (Abb. 1). Tödlich verwundet floh Thyrsus endlich und tränkte Fels und Erde mit seinem Blut. Zusammenbrechend rief er aus: „Spritz Bluet, sei für Viech und Leut guet." — Haymo sühnte den Mord als Eremit in Wilten. Als er einst sein Essen gekocht

[1] Unter Bitumen versteht man brennbare Stoffe der Erdölverwandtschaft; diese sind entweder flüssig (Erdöl), oder gasförmig (Erdgas), oder fest (Erdpech = Asphalt, Erdwachs, Schieferbitumen usw.).

hatte, fand er in der Feuergrube ein dickes Öl vor. Er strich das Öl auf eine Wunde seiner Hand, und diese heilte. Da dachte er der Worte des Thyrsus und nannte das Öl „Dürschenblut". So heißt bei den Bauern bis auf den heutigen Tag das Öl, das man aus dem Seefelder Bitummergel destilliert; die Wissenschaft aber nennt es „Ichthyol".

Fast so alt wie die Kenntnis der Bitumina sind auch die

Abb. 1. Kampf zwischen THYRSUS und dem Ritter HAYMO. Wandmalerei aus dem Jahre 1537, am „Riesenhaus" zu Reith in Tirol, wo THYRSUS geboren sein soll. Von der Ichthyol-Gesellschaft zur Verfügung gestellt.

Versuche, ihre Entstehung zu erklären. Alles nur irgendwie Denkbare wurde bereits behauptet: Abstammung aus dem Erdinnern; Regen aus dem Weltraum; Einpökelung von Tieren und Pflanzen in Salzlaugen; Einfrieren von Tieren und Pflanzen in Eismassen; Zusammenschwemmung von Leichen durch Riesenfluten oder beim Auftauchen von Festländern; und so weiter bis zur Abstammung von Walfisch-Urin.

Wer die Fachliteratur nicht kennt, wundert sich oft, daß die Fachgelehrten auf so viele scheinbar interessante Erklärungsversuche gar nicht eingehen. Ich will das nicht entschuldigen, denn es ist eine Ursache dafür, daß die

Wissenschaft vielfach ihre Beziehung zum Volk verloren hat; nur erklären möchte ich es: Wenn eine Meinung im Laufe eines Jahrhunderts 3-, 4-, 5mal widerlegt worden ist und immer wieder neu auftaucht, dann ist den Fachleuten die Widerlegung bis zum Überdruß geläufig. Wenn diese Meinung zum xten Mal wieder auftaucht, dann ist es den Fachleuten langweilig, immer wieder dieselbe Widerlegung zu veröffentlichen. Und doch müßte diese Widerlegung erfolgen, und es wäre keine Zeitverschwendung: denn der Nicht-Fachmann hört die Meinung jedesmal, wenn sie wiederkommt, zum erstenmal; er muß also auch die Widerlegung jedesmal wieder erfahren. Zu diesem Dienst am Volk sind in erster Linie die Hochschulen verpflichtet.

Die Entwicklung der Fragen um Vorkommen und Entstehung des Erdöls gibt ein gutes Beispiel für den Gang naturwissenschaftlicher Erforschung. Nach-Denken dieser Entwicklung wird es klarmachen, warum ganze Gruppen von Erklärungsversuchen eine nach der andern wegfielen.

Der Vorgang naturwissenschaftlicher Erforschung.

Am Anfang aller Erklärungsversuche steht das „warum nicht". „Warum soll das Erdöl nicht aus dem Weltraum herunter geregnet sein? Das ist doch möglich!"

Möglich ist alles, was nicht im Widerspruch mit sich selbst steht (solange wir nur weiße Pferde Schimmel nennen, ist es unmöglich, daß ein schwarzes Pferd ein Schimmel ist). Das Gegenteil jeder solchen Möglichkeit ist ebenfalls möglich. Es gibt unendlich viele Möglichkeiten; wir können sie gar nicht alle ausdenken. Jeder beliebige Schöpfungsmythus ist „möglich". An und für sich haben alle diese Möglichkeiten denselben Wert für unsere Erkenntnis: nämlich gar keinen. Nur wenn die Annahme einer Möglichkeit zwangsläufig dazu führt, Zusammenhänge anzunehmen, die wir tatsächlich in der Natur finden: nur dann wird aus der Annahme einer bloßen „Möglichkeit" eine wissenschaftliche Hypothese, Theorie oder wie immer man es nennen mag.

Wir suchen die Zusammenhänge zwischen den Dingen. — Unsere Pflanzen brauchen zum Leben Licht, Luft, Wasser und gewisse Nährstoffe wie Kali, Phosphor, Stickstoff, die in bestimmten Verbindungen zugeführt werden müssen; wenn wir das wissen, können wir den Pflanzen das geben, was sie zum Leben brauchen. Wenn wir wissen, wie das Erdöl entstanden ist, können wir die Plätze aufsuchen, in denen es sich findet.

Um die Zusammenhänge kennenzulernen mußte das Erdöl an möglichst vielen Stellen genau studiert werden. Man findet eine große Zahl von Stoffen und Erscheinungen, die im Einzelfall mit dem Vorkommen des Erdöls verknüpft sind.

Alle solche Stoffe und Begleiterscheinungen, die nur an einer oder einigen Stellen mit dem Erdöl zusammen vorkommen, an anderen Stellen aber nicht, nennen wir zufällige Begleiter oder Begleiterscheinungen. Nur das, was sich immer wiederholt, interessiert uns als gesetzmäßiger Zusammenhang.

I. Vorkommen des Erdöls.

Das Öl findet sich in der Erde nicht in unterirdischen „Seen" oder „Adern", sondern es sitzt in den kleinen Hohlräumen (Poren) der Gesteine. Ein Sand z. B. besteht aus mehr oder weniger runden Körnern. Wie man diese Sandkörner auch zusammenrüttelt, — stets bleiben zwischen ihnen Hohlräume (Abb. 2). Diese Hohlräume können mit Luft oder Gas, Wasser, Erdöl und dergleichen erfüllt sein. Wenn die Poren mit Luft gefüllt sind, sagt man meist fälschlich, sie seien „leer". Wenn sie mit Wasser erfüllt sind, scheiden sich in ihnen oft im Laufe langer Zeiten die im Wasser gelösten Stoffe aus, und füllen die Poren aus; die Sandkörner werden „verkittet". Solche Bindemittel sind meistens Kalk, Kieselstoff, oder Gips. Je mehr Bindemittel ausgeschieden ist, desto stärker ist der Zusammenhalt des Sandsteins, aber desto kleiner und desto weniger sind seine Hohlräume. Ein festes Gestein aber kann zerbrechen, und dabei bilden sich neue Hohlräume in Form von Klüften zwischen den einzelnen Bruchstücken. Auch diese Klüfte können von Luft, Gas, Wasser oder Erdöl erfüllt sein.

Abb. 2. Ansicht der Bruchfläche eines deutschen Ölsandsteins. Weiß die Sandkörner, schwarz die Hohlräume. Die scheinbar freiliegenden Sandkörner sind über oder unter der Bruchfläche mit anderen Sandkörnern verkeilt. 20 fache Vergr.

Durch große Hohlräume bewegen sich die Flüssigkeiten leicht, durch kleine Hohlräume bewegen sie sich schwer und langsam. Das kann man schon sehen, wenn man Flüssigkeiten durch grobe oder feine Tücher oder durch Papier filtriert. Wenn die Poren sehr klein werden, dann nimmt ein Stoff wohl noch Flüssigkeit auf, aber er gibt sie bei gleichbleibenden Verhältnissen nicht mehr ab. So nimmt z. B. trokkener Ton Wasser auf, aber der feuchte Ton ist wasserundurchlässig; die Tondichtung eines Kanalbettes oder einer Talsperre wird wohl feucht, aber sie läßt kein Wasser hindurch. — Die Flüssigkeiten werden nämlich an der Oberfläche verschiedener Körper als dünne Häutchen sehr festgehalten (mit aller Kraft kann man ein feuchtes Tuch nicht trocken pressen). Diese festgehaltenen Häutchen haben eine bestimmte Höchstdicke. Wenn nun die Poren eines Gesteins nur doppelt so groß sind wie diese Höchstdicke, so wird die Flüssigkeit festgehalten. Dabei kommt die Dicke der durchgehenden Verbindungswege in Frage, nicht etwa die Dicke des einen oder anderen abgesonderten Hohlraumes.

Beim Ton sind nun die Gesteinsteilchen so klein, daß die Poren zwar Wasser aufnehmen, dieses aber nicht wieder abgeben. Erdöl ist zähflüssiger als Wasser, und wird daher stets noch schwerer abgegeben als Wasser.

Wir suchen nun für unsere Erdölbohrungen Gesteine, die das Erdöl rasch abgeben (gerade wie bei den Wasserbrunnen eine rasche Wasserlieferung verlangt wird). Da nun die Flüssigkeitsbewegung nur in großporigen Gesteinen rasch ist, suchen wir also Erdölvorkommen in großporigen Gesteinen. Darum sind uns Erdölvorkommen in Sanden meist lieber als solche in Sandsteinen, denn in den Sandsteinen sind die Poren durch Verkittung verkleinert. Aber natürlich kommt es zunächst darauf an, wie groß die Poren ursprünglich waren. Der Sand kann ursprünglich gut eingerüttelt gewesen sein; dann sind die Poren kleiner als die Sandkörner. Bei rascher Ablagerung aber sperren sich die Sandteilchen oft, und bilden dann Gerüste; durch die Gerüste werden Großporen gebildet, die größer sein können als viele Sandkörner zusammen. Ein solches Gefüge ist sehr günstig für die Ölgewinnung. — Die ursprüngliche Lagerung hängt zum guten Teil von der Größe der Sandkörner, von ihrer Form (Sperrigkeit), und von der Schnelligkeit der Ablagerung ab. Außerdem aber noch davon, ob vielleicht kleinere Sandkörner da waren, welche die Lücken zwischen den größeren ausfüllten; in diesem Fall wird die Größe der Poren durch die Größe der kleinen Sandkörner bestimmt, nicht durch die Größe der großen Körner.

Man muß also sehr vieles berücksichtigen, wenn man die Eignung eines Gesteins als Träger gewinnbaren Erdöls bestimmen will. Man kann diese Eignung nicht aus den Korngrößen mathematisch ableiten, weil die Form und die Lagerung der Körner zu berücksichtigen ist. Die Menge Wasser, welche ein Gestein aufnehmen kann, sagt uns zwar etwas über die Mindestgröße der Summe aller zusammenhängenden Hohlräume des Gesteins; von der Aufsaugefähigkeit für Wasser kann aber nicht darauf geschlossen werden, wieviel so ein Gestein von aufgesaugtem Erdöl wieder abgeben würde, und wie rasch es solches Erdöl abgeben würde. Davon hängt es aber ab, ob wir den Erdölgehalt eines solchen Gesteins ausnützen können.

Weiter als die Hohlräume zwischen den Sandkörnern pflegen die Klüfte zu sein, die sich bilden, wenn feste Gesteine bei der Gebirgsbildung zerbrechen; und wichtiger noch als ihre Weite ist est, daß solche Zertrümmerungszonen oft über große Erstreckung zusammenhängen. In solchen Klüften vermag das Öl sich leicht und rasch zu bewegen. Darum findet man die wirtschaftlich günstigsten Ölfelder in Kalken, weil der Kalk besonders zu solcher Zerklüftung (und zur Bildung von Lösungshohlräumen) neigt. Die größten Förderungen von Erdöl, die wir kennen, stammen aus Kalk, Förderungen bis zu mehreren zehntausend Tonnen im Tag; die Spitzenleistung brachte die Bohrung Cerro Azul 4 in Mexiko, mit ungefähr 40000 Kubikmeter im Tag; eine Förderung, für die alle deutschen Erdölbohrungen zusammen einen Monat brauchen würden.

Wir sehen, daß die Förderung von Erdöl vom Charakter des Gesteins abhängt. Unter den Gesteinen unterscheiden wir die aus feurigem Fluß erstarrten Magmagesteine, und die aus dem Wasser abgelagerten Ablagerungsgesteine. Die Magmagesteine haben meist (Ergußgesteine = „Lava“ ausgenommen) nur wenige und kleine Poren; Magmagesteine führen nur selten Erdöl.

Die Ablagerungsgesteine bilden sich z. B. in der Weise, daß die vom Wasser mitgeführten Teilchen zu Boden sinken, wenn das Wasser zur Ruhe kommt; oder dadurch, daß im Wasser gelöste Stoffe auskristallisieren, wenn das Wasser verdunstet. Da nun der Boden großer Gewässer abseits

Abb. 3. Sandbänke vor der brasilianischen Küste. Durch die „Illuft“ vom Luftschiffbau Zeppelin erhalten.

der Küste auf größere Entfernungen meist recht flach ist, entstehen bei solchen Ablagerungen Schichten in Gestalt von Platten; man nennt daher die Ablagerungsgesteine auch Schichtgesteine. Man muß aber daran denken, daß diese Schichtplatten ihrer Natur nach nicht unendlich ausgedehnt sein können. Sie haben ihre natürliche Grenze zunächst an der Grenze ihres Gewässers, wenn es sich um Ablagerungen aus Wasser handelt. Aber auch innerhalb des Gewässers gibt es Grenzen. Gerade die Sande bleiben sehr bald liegen, wenn die Wasserbewegung erlahmt; wir finden sie daher an der Küste, nahe den Flußmündungen, und von da durch die Küstenströmungen längs der Küste verfrachtet. Sie bilden oft Sandbänke, Inseln und dergleichen, wie man im Wattenmeer der Nordsee oder an den Nehrungen der Ostsee beobachten kann. Die einzelnen Inseln oder Sandbänke sind durch Tiefstellen (Priele, Baljen, Seegatten) voneinander getrennt. Weiter gegen das Meer hinaus schließen oft tonige Ablagerungen an. Würden sich nun die Verhältnisse ändern, etwa derart, daß das Nord- und Ostseegebiet rasch absänke, so könnten sich über das Wattenmeer und die heutige Ostseeküste Tone legen. Viele der Inseln, Sandbänke, Nehrungen, würden dann als große linsenförmige Sandmassen zwischen tonigen Gesteinen liegen. Aber auch in sich wären diese Sandmassen nicht einheitlich; denn wenn das Wasser sie zu dünenartigen Wällen angehäuft hat, dann legt sich bald da, bald dort feinerer Sand oder Ton darauf, dann wieder gröberer Sand; am einen Ende wird so eine Sandbank abgebrochen, am andern Ende wieder angebaut. Das Ergebnis ist, daß diese Sandbänke ein Gefüge zeigen, eine Schichtung, die nicht parallel dem Untergrund verläuft, sondern den jeweiligen Oberflächen der wellenförmigen oder dünenförmigen Sandkörper entspricht. Wir finden hier schrägliegende Schichten, die stets wieder aufs neue abgeschnitten und von anderen Schrägschichten überlagert werden (Abb. 4, 5).

Wir können also sagen, daß die Schichten der Ablagerungsgesteine oft über größere Erstreckung mehr oder weniger plattenartig sind. Aber gerade die gröberen Ablagerungen (Sande, Schotter) halten nicht so weit aus, treten nicht so regelmäßig auf, sondern sind oft linsenförmig ausgebildet, und in sich durch Schrägschichtung unterteilt.

Bei der Ablagerung liegen die Schichten (Schrägschichtung ausgenommen) ungefähr waagerecht. Schon bei einer Neigung von einem Grad können wassergetränkte feine Ablagerungen abrutschen. Sande und Schotter können je gröber desto steilere Böschungen bilden; aber auch sie werden schließlich meist als linsenförmige Einschaltungen zwischen waagerecht geschichtete Ablagerungen eingeschlossen.

Die Ablagerungen bleiben aber nicht endlos lange

waagerecht liegen. Die umgestaltenden Kräfte kennen wir noch nicht.

Es gibt zahllose Annahmen, aber nicht einmal darüber, was Ursache und was Wirkung ist, sind sich die „Gelehrten" einig. Ich möchte es so fassen: Unter der festen Erdkruste gibt es eine Zone, die unter hohem Druck und hoher Temperatur (auf 30—40 m Tiefe nimmt die Temperatur um 1° zu) steht. Die Gesteine verhalten sich unter diesen Bedingungen ähnlich wie Siegellack: sie leiten einen Stoß wie ein fester Körper, und brechen bei rascher Beanspruchung; aber gegen langandauernde Kräfte verhalten sie sich wie zähe Flüssigkeiten. — Aus irgendeinem Grund fließen diese Gesteine nun andauernd oder zeitweise, und nehmen dabei die auflagernde

Abb. 4. Schrägschichtung im Watt bei Voslapp, Jade („Senckenberg am Meer", W. Häntzschel phot. Juli 1935). Die schrägen Schichten liegen in ihrer ursprünglichen Lage; sie sind am Hang einer talartigen Rinne („Priel") abgelagert, darum liegen sie nicht waagerecht.

feste Erdkruste wie eine dünne Haut mit. Diese Haut schiebt sich dabei stellenweise zusammen, so wie die Haut auf fließender Milch zusammengeschoben wird. Manche Teile der festen Erdkruste bestehen nun ganz oder zum großen Teile aus erstarrten, früher feurig-flüssigen Magmagesteinen; in andere Teile der Erdkruste sind durch lange Zeiträume Schichtgesteine abgelagert worden. Was geschichtet ist, kann sich falten. Ein Paket Karten kann man falten, ein gleich großes und gleich dickes Stück Pappe würde brechen.

Die geschichteten Teile der Erdkruste werden bei einem Zusammenschub gefaltet. (Man kann das leicht mit einem größeren Stück Papier oder Tuch nachahmen.) — Wir unterscheiden bei den Falten die hochliegenden Teile (Sättel) von den tiefliegenden Teilen (Mulden); die höchste Linie des Sattels heißt der Scheitel, von da gehen die Flanken zum Tiefsten der Mulde (Abb. 6). Da es recht schwer ist, körperlich zu zeichnen, stellt man den Bau einer solchen Falte meist als Schnitt dar: man denkt sich die Falte durch eine lotrechte Fläche geschnitten, und stellt dar, was man auf dem Schnitt sehen würde (Abb. 7).

Betrachten wir nun in einer solchen Falte eine Schicht von

Abb. 5. „Kreuzschichtung". Stark nach links geneigt die ehemaligen Oberflächen der Sandbänke; sie werden abgeschnitten durch (ursprünglich waagerechte, jetzt leicht nach rechts geneigte) Einebnungsflächen. Kreidezeitliche Schichten im Zion Canyon, Utah. Leica-Aufnahme, 1933.

großporigem Sand (oder Sandstein, oder klüftigem Kalk) zwischen kleinporigem Ton: der Ton wirkt abdichtend, während in dem Sand die Flüssigkeiten leicht beweglich sind. Wir finden nun in dem Sand die Flüssigkeiten nach ihrem spezifischen Gewicht geordnet: zuunterst das Wasser, darüber das Erdöl, und ganz oben das Erdgas — vorausgesetzt natürlich, daß diese Stoffe überhaupt in dem Sand vorkommen (Abb. 9).

Das waren die ersten Zusammenhänge, die man an den Erdölvorkommen überhaupt erkannte. Man fand, daß die fündigen Erdölbohrungen in langgestreckten, bandförmigen Zonen angeordnet waren. Es sah so aus, als ob die Erdölvorkommen in langen Linien sich erstreckten, den „Öllinien“. Man untersuchte nun, welche Verhältnisse des Untergrundes diese Anordnung verursachten. Da fand man, daß die bandartigen ölführenden Zonen den Scheitelzonen der Sättel entsprechen. So kam man von den Öllinien zur „Antiklinaltheorie“ (Antikline-Sattel). Diese besagt, daß das Erdöl sich in den Scheitelzonen der Sättel anreichert. Die einzelnen Sättel aber haben eine beschränkte Länge; die Zone der ölführenden Bohrungen bietet daher das Bild einer mehr oder weniger langgestreckten Ellipse.

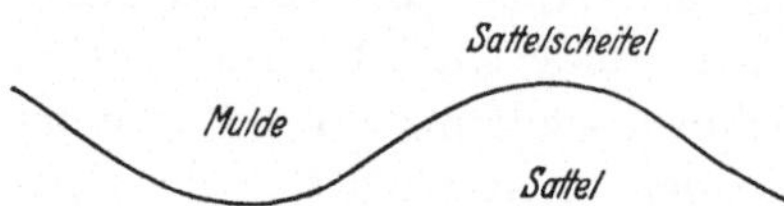

Abb. 6. Die Tiefstellen einer Falte heißen Mulden, die Hochstellen heißen Sättel, der höchste Teil des Sattels heißt Scheitel.

Bald zeigte es sich, daß sich Erdöl keineswegs nur in Sätteln findet. Es findet sich vielmehr in den verschiedensten geologischen Bauformen, aber (gegebenenfalls zusammen mit Erdgas) stets in den höchsten Stellen der Schichten.

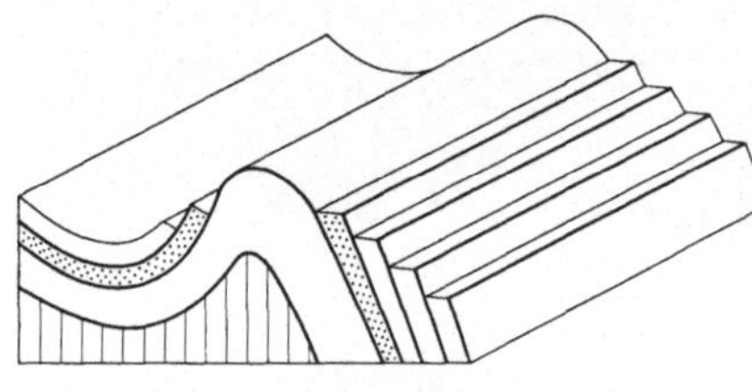
Abb. 7. Blockdarstellung einer Falte. Aus den gefalteten Schichten denkt man sich einen würfelförmig begrenzten Block herausgeschnitten. Gewöhnlich stellen Geologen und Bergleute nur Schnitte („Profile“) dar, wie wir sie hier an der Vorderseite des Blockes zeigen. Zur Unterscheidung werden die einzelnen Schichten mit verschiedenen Zeichen versehen.

Zur Faltung ist es notwendig, daß die zu verformenden Gesteine einer stetigen Formänderung fähig sind, d. h. sich „plastisch“ verhalten. Das tun die meisten Gesteine aber nur unter so hohem Druck, wie er in tieferen Schichten der Erdkruste herrscht, unter der Überlagerung mehrerer hundert oder tausend Meter von Gestein. An der Erdoberfläche dagegen verhalten sich die meisten Gesteine spröde, d. h. sie widerstehen einer Beanspruchung so lange, bis sie brechen. Bei Druck (Zusammenschub) entstehen Scherflächen (Schubflächen), an denen die Gesteinsteile übereinandergeschoben werden; die so entstandenen, von Schubflächen begrenzten, Körper nennt man „Schuppen“. Bei Zug entstehen echte

Brüche; die von Bruchflächen begrenzten Körper nennt man „Schollen". Schuppen und Schollen liegen meist schräg. Innerhalb einer Schuppe oder Scholle findet man Öl und Gas wiederum in den höchstliegenden Teilen.

Unter dem hohen Druck einer Überlagerung von mehreren tausend Metern Gestein werden manche Gesteine so stark plastisch, daß sie — allerdings sehr langsam — wie zähe Flüssigkeiten fließen. Jn erster Linie tun das Steinsalz und Gips. Bekannter ist diese Erscheinung von den Gletschern, in denen „hartes" Eis zu Tal fließt. — Salz ist nun

Abb. 8. Sattel gegenüber vom Bahnhof Câmpina, Rumänien. K. Hummel phot. 1926.

leichter als die anderen Gesteinsschichten. Wenn irgendwo eine Falte bis auf eine dicke Salzschicht abgetragen wird, dann hat das Salz an und unter dieser Stelle (im Scheitel) die geringsten Überlagerungsdrucke auszuhalten; nach den Seiten dagegen nimmt die Dicke der Überlagerung und damit der Druck zu. Unter diesem Druck fließt das Salz im Laufe langer Zeit gegen den Scheitel und quillt dort wie Zahnpasta aus der Tube. Inzwischen haben sich meist neue Schichten abgelagert, und diese werden vom aufquellenden Salz durchbrochen und hochgeschleppt; es entsteht ein Salzstock (Abb. 10). — (In ähnlicher Weise steigen auch die teigig-flüssigen, glühenden Magmagesteine auf, dringen in die Erdschichten ein, und bilden Granitstöcke usw.) — In den Schichten, die von solchen Stöcken hochgeschleppt wurden (den „Flanken“ der Stöcke) findet man Erdöl und Gas

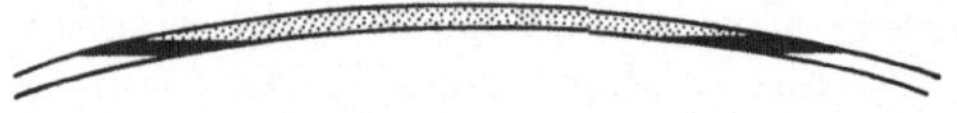

Abb. 9. Verteilung von Wasser (weiß), Erdöl (schwarz) und Erdgas (gepunktet) in einer Sandschicht. Die Dicke der Schicht ist im Verhältnis zur Länge hundertmal vergrößert.

(wenn solches überhaupt da ist) wieder in den gehobensten Stellen.

Erdöl und Erdgas finden sich in den verschiedensten geologischen Bauformen, aber stets in den höchsterhobenen Schichtteilen.

Dabei kann es allerdings einmal vorkommen, daß sich z. B. im höchsten Teil eines Sattels eine kleine Delle findet, in der auch Erdöl vorhanden ist;

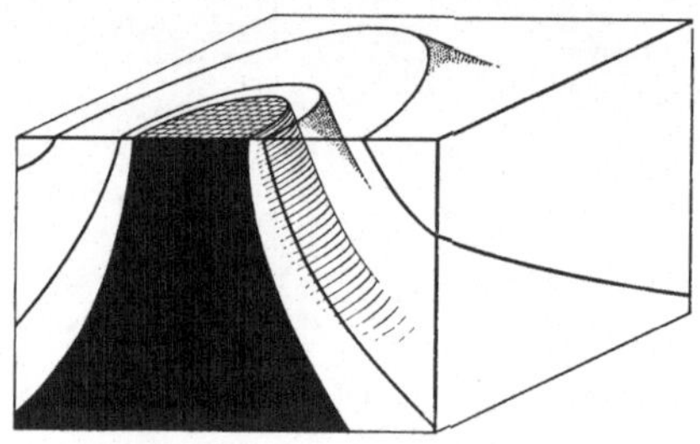

Abb. 10. Blockdarstellung eines Salzstockes (schwarz) mit Umhüllung; von der Umhüllung sind nur 2 Schichtflächen gezeichnet, und zwar so, als ob sie durchsichtig wären.

wörtlich genommen liegt dann Öl an dieser Stelle in der Mulde, aber im großen gesehen gehört eben diese kleine Spezialmulde zu dem erhobenen Teil der Schicht.

Beim Suchen nach Erdöl geht man so vor, daß man jene Stellen sucht, an denen die Schichten am höchsten aufgebogen wurden. — Alle Bauformen der Erdoberfläche sind ja durch Verwitterung, Wind, Regen, Brandung oder Flußabnagung mehr oder weniger abgetragen. Bei einem Sattel z. B. stechen die Schichten schräg zur Oberfläche aus (Abb. 7, 8).

Man mißt nun mit Kompaß und Lot (Winkelwaage) die Richtung, wohin die Schichten eintauchen, und den Winkel, den sie mit der Waagerechten bilden. Je näher man dem Scheitel des Sattels kommt, desto tiefere Schichten trifft man.

Die tieferen Schichten sind aber älter als die höheren; sie wurden zuerst abgelagert, später erst lagerten sich darüber die höheren Schichten ab. Das Alter der Schichten aber kann man aus den versteinerten Resten von Pflanzen und Tieren erkennen, die in den Schichten eingeschlossen sind. Denn die Pflanzen und Tiere haben sich im Laufe der Jahrmillionen der geologischen Geschichte verändert, und die Tiere und Pflanzen der einzelnen Zeiten sind (mehr oder weniger gut) bekannt. Selbst wenn wir also einmal die Schräglage der Schichten nicht messen können, so kann uns die Altersbestimmung der Schichten einen Anhaltspunkt dafür geben, wo die stärkste Hebung ist; denn dort treten die ältesten Schichten zutage (abgesehen von etwaigen Tälern).

Wenn wir uns also dem Scheitel des Sattels von einer Seite her nähern, so finden wir, daß die Schichten gegen uns eintauchen („einfallen“ sagt man); dabei treffen wir mit der Annäherung an den Scheitel immer ältere Schichten. Man muß aber berücksichtigen, daß man nicht überall etwas sieht; an den meisten Stellen der Erdoberfläche sind die Gesteinsschichten verborgen durch Boden (Acker, Wald, Wiese), oder durch junge Schotter- oder Sandablagerungen der heutigen Flüsse, durch Wasser usw. Im Scheitel der Falte sollten wir flachliegende oder waagerechte Schichten treffen; aber selten hat man das Glück, daß gerade an dieser Stelle etwas zu sehen ist. Gehen wir aber immer weiter, so kommen wir auf die andere Seite der Falte; da tauchen nun die Schichten nicht mehr gegen uns, sondern von uns weg; je weiter wir kommen, desto jüngere Schichten treffen wir an (Abb. 7, 8).

An je mehr Stellen wir also die Schichten studieren können, desto genauer können wir die Lage des Sattelscheitels bestimmen. Von dem Sattelscheitel fallen die Schichten nach entgegengesetzten Seiten; davon kommt der internationale wissenschaftliche Name für den Sattel: Antikline (im Griechischen heißt anti: gegen; und klinein heißt: sich neigen, sich senken).

Mit der Bestimmung des Scheitelgebietes aber haben wir die für die Ansammlung von Öl und Gas günstige Zone bestimmt.

Lange Zeit war diese Feststellung der erhobensten Schichten das einzige, was bei der Suche nach Erdöllagerstätten berücksichtigt wurde. Die Feststellung ist nicht immer so einfach, wie ich es oben schilderte. Zunächst muß man sich die Stellen, an denen überhaupt etwas von den Erdschichten zu sehen ist, mühsam suchen. In Rumänien, wo ich die Erdölsuche einer großen Gesellschaft leitete, haben wir uns gelegentlich unsere Beobachtungen aus Fuchslöchern geholt. Dann aber sind die Bauformen oft nicht so einfach. Besonders die Salzstöcke, oder Brüche, geben oft harte Nüsse zu knacken, weil dabei die Schichten nicht so schön regelmäßig aufeinander folgen wie bei einem Sattel. Auch kommt es vor, daß Schichten bei der Faltung bis zur lotrechten Lage und darüber hinaus gekippt sind (man kann diesen Vorgang mit einem größeren Tuch nachahmen, wenn man es stark zusammenschiebt); es ist nicht leicht zu erkennen, ob eine Schicht richtig oder verkehrt liegt. Die häufigsten Schwierigkeiten aber sind die, daß die Gesteine so verwittert und verstürzt sind, daß man keine Schichtung mehr erkennen kann; und daß die Gesteine keine Versteinerungen enthalten. Besonders boshaft ist es, wenn die Gesteine an einem Berghang hinunterrutschen, und dabei alle möglichen Lagerungen annehmen, nur meist nicht die, die sie in der Falte ursprünglich hatten.

Das Aufsuchen von Faltenscheiteln und anderen Stellen, an denen die Schichten hochgehoben sind, hat auch heute noch seine volle Berechtigung; denn auch heute noch haben wir kein Mittel, um festzustellen, ob Erdöl im Untergrund vorhanden ist. Wir können nur die Stellen feststellen, die für eine Ansammlung günstig sind; wir können vor allem große Gebiete, als bestimmt nicht „ölhöffig" („höffig" heißt ein Gebiet, in dem man Erz oder Öl usw. zu finden hofft), ausschließen. Das ist alles ganz schön, solange wir uns in Gegenden bewegen, in denen Erdöl bereits da oder dort festgestellt ist; in solchen Gegenden bleibt tatsächlich kaum etwas anderes übrig, als ein planmäßiges Absuchen aller Plätze, die für die Ansammlung von Erdöl günstig erscheinen.

Wenn aber in einem Lande noch gar kein Erdöl gefunden wurde, dann wäre ein Bohren nach solchen Untersuchungen doch sehr unüberlegt und kostspielig. Selbstverständlich können wir auch hier die zur Ansammlung günstigen Plätze feststellen, aber zunächst kann man 100 : 1 wetten, daß überhaupt kein Erdöl da sein wird. Wenn man in solchen Fällen einen vernünftigen Rat geben soll, muß man viel weiter ausholen. Man muß alles das berücksichtigen, was die Wissenschaft über die Entstehung des Erdöls, und über die Bildung der Erdöllager festgestellt hat.

Diese Feststellungen erfolgen zunächst aus reinem „zwecklosen" Wissensdrang; aber gerade aus solchen „unpraktischen" Untersuchungen erhält schließlich die Praxis ihre stärkste Förderung. Man denke daran, daß uns die Elektronentheorie mit der Verstärkerröhre die moderne Radiotechnik geschenkt hat; die ganze Elektrizitätswissenschaft geht aus von der Beobachtung der Anziehung von Papierschnitzeln durch geriebenen Bernstein, und von der Beobachtung des Zuckens von Froschschenkeln auf einem Eisengitter. — Beim Erdöl freilich sind wir noch nicht sehr weit; unsere „unpraktischen" Untersuchungen sind zwar schon ziemlich fortgeschritten, ihr praktischer Nutzen ist aber vorläufig gering, und die erschlossenen Möglichkeiten werden noch nicht genügend beachtet; aber die Aussichten sind vielversprechend.

II. Die Entstehung des Erdöls und seiner Lagerstätten.

Zunächst müssen wir einer ganzen Gruppe von Erklärungsversuchen das Genick brechen; es sind das die rein chemischen Erklärungen der Erdölentstehung.

Das Erdöl besteht zum größten Teil aus Verbindungen von Kohlenstoff mit Wasserstoff; diese Verbindungen nennt man Kohlenwasserstoffe. Solche Kohlenwasserstoffe können nun wieder mit anderen Stoffen, z. B. Sauerstoff, Stickstoff, Schwefel, verbunden sein; auch solche Verbindungen finden sich im Erdöl.

Man kann nun z. B. aus Karbiden (das sind Verbindungen von Kohlenstoff mit Metallen) Kohlenwasserstoffe herstellen. Das tun wir z. B. bei der Azetylenerzeugung: Kalziumkarbid wird mit Wasser übergossen, dabei verbindet sich Wasserstoff des Wassers mit dem Kohlenstoff des Karbides zu Azetylen. Aluminiumkarbid dagegen liefert mit Wasser Methan (das in der Natur als „Sumpfgas" auftritt, und auch den größten Teil der „schlagenden Wetter" der Bergwerke bildet); Urankarbid liefert mit Wasser neben Methan noch flüssige und feste Kohlenwasserstoffe usw. Man kann also im Laboratorium recht gut so etwas wie Erdöl aus Karbiden herstellen.

Zur Karbidbildung ist Hitze nötig, und im Erdinnern ist es tatsächlich heiß, wie wir von den feurig-flüssigen Gesteinen, die in den Vulkanen austreten, wissen. Metalle dürfte es im Erdinnern auch geben, denn wir haben Grund zu der Vermutung, daß der Erdkern aus Eisen besteht. — Man hat also die Annahme gemacht, daß sich im Erdinnern Metallkarbide bilden; aus diesen Metallkarbiden sollen dann beim Zusammentreffen mit Wasser die Kohlenwasserstoffe der Erdöle und Erdgase gebildet werden. Das Erdöl entstünde also aus Stoffen der heißen Erdtiefe.

Daß wir solche Karbide nirgends in den Gesteinen finden, ist kein Wunder; denn die meisten Karbide werden von Wasser zersetzt, und Wasser ist in der Erdkruste so ziemlich überall vorhanden. Allerdings wird gerade Eisenkarbid von Wasser erst bei Temperaturen über 140° angegriffen, und bildet dann Kohlenstoffoxyde und freien Wasserstoff; erst bei hohen Temperaturen bildet Eisenkarbid mit Wasser auch Methan. Das heiße Magma aber enthält kein freies Wasser. Die Gase der Erdöllagerstätten sind praktisch frei von Wasserstoff.

Ohne hier auf Einzelheiten einzugehen, sei nur das wesentliche herausgestellt: Es ist zwar möglich, daß sich im Erdinnern Metallkarbide bilden, und daß sie mit Wasser Kohlenwasserstoffe bilden; es ist aber wenigstens genau so gut möglich, daß das nicht geschieht. Es genügt uns durchaus nicht, zu wissen, daß es auf diesem oder jenem Wege möglich ist, so etwas wie Erdöl herzustellen. Die Geologie ist eine historische Wissenschaft (JOH. WALTHER). Wir suchen also den Weg, auf dem das Erdöl tatsächlich entstanden ist. Um diesen Weg zu finden, müssen wir aber alle *Begleiterscheinungen* und *Nebenprodukte* berücksichtigen, die gesetzmäßig mit dem Erdöl verknüpft sind.

Das meiste Erdöl findet sich nun in Gebieten, wo es keinen Vulkanismus gibt, und in Schichten, die nicht mit vulkanischen Gesteinen zusammenhängen. Gebiete, die nur aus vulkanischen Gesteinen bestehen (Hawaii, Island), haben kein

Öl. Die Vulkane aber sind die einzige freie Verbindung zur Erdtiefe, die vulkanischen Gesteine selbst kommen aus der Erdtiefe. – Außer den Laven der Vulkane kennen wir noch andere Gesteine der Erdtiefe: es sind dies 1. ursprünglich feurig-flüssige Gesteine, die aber nicht, wie die Laven, zutage gekommen sind, sondern die in der Erdtiefe erstarrten (z. B. Granit, Syenit, Diorit usw.); 2. Gesteine, die nach ihrer Bildung in große Erdtiefen versenkt wurden, und unter den dort herrschenden hohen Temperaturen und Drucken umkristallisierten. Durch spätere Hebung und Abtragung der überlagernden Schichten können solche Gesteine an die Oberfläche kommen. Die Gebiete solcher Gesteine (z. B. Schweden-Finnland, Südböhmen) führen kein Erdöl, die ölführenden Schichtserien enthalten charakteristischerweise keine solchen Gesteine.

Das Erdöl hat keinerlei Zusammenhang mit offenen Verbindungen zur Erdtiefe (den Vulkanen), auch nicht mit den in der Erdtiefe gebildeten Gesteinen. Die Begleiterscheinungen stimmen also nicht zur Karbidtheorie.

Die Karbidtheorie versucht eine Erklärung für die Entstehung der einfachen Kohlenwasserstoffe, die die Hauptmenge des Erdöls ausmachen. Außer diesen einfachen Kohlenwasserstoffen führt aber das Erdöl sehr charakteristische, hochkomplizierte Stoffe, die sich in lebenden Pflanzen und Tieren bilden, die aber nicht aus Karbid und Wasser entstehen: auch die Nebenprodukte stimmen also nicht mit der Karbidtheorie überein.

Ähnlich steht es mit allen anderen Erklärungsversuchen, die eine Entstehung des Erdöls aus anorganischen Stoffen annehmen. Fast alle solche Erklärungsversuche stammen von Chemikern. Sie versuchen nur zu erklären, wie sich Kohlenwasserstoffe überhaupt bilden können, und lassen die Fundverhältnisse, die natürliche Umgebung, Begleiterscheinungen, und Begleitstoffe des Erdöls unberücksichtigt. Unter den Bergleuten, Geologen und Ingenieuren, die das Erdöl in seiner natürlichen Umgebung kennenlernen, hat die anorganische Entstehung von jeher wenig Anklang gefunden. Gegen eine anorganische Entstehung spricht vor allem, daß in den

Erdölen neben einfachen Kohlenwasserstoffen auch viele *komplizierte* Stoffe vorkommen, die für *Lebewesen* charakteristisch sind, sich aber in der unbelebten Natur nirgends finden. Hierher gehören z. B. die optisch aktiven Stoffe, Cholesterin, Brunst-Hormone, die Abkömmlinge des grünen Pflanzenfarbstoffes Chlorophyll, und des roten Blutfarbstoffes Hämin, zuckerähnliche Stoffe usw. Zum Teil handelt es sich dabei um hochkomplizierte Stoffe; der Aufbau des Chlorophyll-Abkömmlings, dessen Name Desoxophyllerythro-ätioporphyrin ist, sei hier wiedergegeben:

H_3C C_2H_5 H_3C C_2H_5
CH
NH N
HC CH
NH N
C
H_3C CH_2 CH_3
H_2C
CH_2 CH_2
H

Es ist ausgeschlossen, daß sich solche Stoffe „zufällig" auf anorganischem Wege bilden. Diese Stoffe bilden einen schlagenden Beweis für die *organische* Entstehung des Erdöls.

Andere Chemiker wieder haben mit den verschiedensten organischen Stoffen gearbeitet, und aus ihnen erdölähnliche Stoffe hergestellt. Erdölähnliche Stoffe sind derart u. a. erzeugt worden aus: Fetten; Öl-, Palmitin-, Stearinsäure; Fischölen; Leinöl; Terpentinöl; Bienenwachs; Harzen; Harzsäuren; Kollophonium; Kautschuk; Zellulose; Zucker; Eiweißstoffen; Kohlen; usw. Viele der Chemiker haben nun geglaubt, durch diese Versuche den *Beweis* erbracht zu haben, daß sich das Öl aus diesen Stoffen gebildet haben müsse; tatsächlich haben sie nur den Beweis erbracht, daß es sich *möglicherweise* aus solchen Stoffen gebildet haben *könnte*. Auch diese genannten Stoffe bestehen vorwiegend aus Kohlenstoff und Wasserstoff, wozu noch Sauerstoff, Stickstoff usw. treten kann. Es ist selbstverständlich, daß durch Entzug des Sauerstoffs, durch den Entzug oder das Hinzufügen von Wasserstoff usw. aus allen diesen Stoffen so etwas wie Erdöl gebildet werden kann. Alle diese Versuche zeigen Möglichkeiten auf, aber der Möglichkeiten gibt es zahllos viele. Möglich ist es, z. B. aus Kartoffeln Alkohol herzustellen; niemand wird aber aus dieser Möglichkeit die Behauptung ableiten wollen, daß der Alkohol im Wein oder Bier aus Kartoffeln erzeugt sei (außer bei einer Verfälschung). Ebensowenig kann man aus den obenerwähnten Möglichkeiten etwa eine Entstehung des Erdöls aus Bienenwachs, Kautschuk, Kohle usw. ableiten.

In ähnlicher Weise können wir die Ansicht ablehnen, daß das Erdöl aus dem Weltraum auf die Erde gelangt sei. Diese Ansicht gründete sich darauf, daß man in Kometen und in der Atmosphäre der großen Planeten Kohlenwasserstoffe festgestellt hat.

Das Licht besteht aus elektromagnetischen Wellen, die sich von den Radiowellen nur durch ihre Länge unterscheiden; die sichtbaren Lichtwellen sind nur etwa 3,7—7,7 zehntausendstel Millimeter lang. Im weißen Licht sind Lichtwellen aller dieser Wellenlängen gemischt. Läßt man Licht durch einen schmalen Schlitz auf einen durchsichtigen Keil fallen, so erhält man auf einer Wand hinter dem Keil nicht ein weißes Abbild des schmalen Schlitzes, sondern einen breiten Streifen in den Regenbogenfarben. Die verschieden langen Lichtwellen werden nämlich in dem Keil verschieden stark aus ihrer Bahn abgelenkt; hinter dem Keil sind also die verschiedenen Lichtarten nicht mehr gemischt, sondern liegen ihren Wellenlängen entsprechend nebeneinander. Die verschiedenen Stoffe senden nun, wenn sie leuchten, charakteristische Lichtwellen aus, an denen man sie erkennen kann; wenn sie aber nicht leuchten, so entziehen sie einem Licht, das durch sie durchscheint, eben diese charakteristischen Wellen. — Entwirft man nun vom Licht eines Sternes durch ein Prisma den Regenbogenstreifen (das „Spektrum"), so kann man an den hellen und dunklen Streifen die Stoffe erkennen, die auf dem Stern vorhanden sind. Auf diese Weise hat man Kohlenwasserstoffe in der Atmosphäre der großen Planeten und in den Kometen festgestellt.

Wenn aber das Erdöl wirklich aus dem Weltraum auf die Erde heruntergeregnet wäre, dann sollten wir es wohl in Meteorsteinen finden; das ist nicht der Fall. Wir sollten auch erwarten, es bald da, bald dort, regellos verteilt auf der Erdoberfläche zu finden; das ist leider nicht der Fall; Amerika und Osteuropa haben sehr viel, West- und Mitteleuropa sehr wenig, Afrika und Australien haben so gut wie gar kein Erdöl abbekommen. — Aber es ist um so schwerer, etwas gegen eine Annahme (Hypothese) vorzubringen, je weniger Beziehungen zu den Tatsachen sie hat, also je weniger man auch für sie anführen kann. Die Annahme einer Entstehung im Weltraum kümmert sich nicht um alle die Gesetzmäßigkeiten in der Beschaffenheit und dem Vorkommen des Erdöls, von denen wir noch sprechen werden. Da diese Annahme im Grunde genommen nur aus einer Behauptung besteht, haben wir wenig Anhaltspunkte für eine Widerlegung.

Je wirklichkeitsnäher eine Erklärung ist, an desto zahlreicheren Beobachtungen kann sie überprüft, bestätigt oder widerlegt werden. Je wirklichkeitsferner eine Annahme ist, um so leichter kann man stets mit neuerfundenen Hilfsannahmen jeden Einwand parieren. Die Annahme z. B., daß Vitzliputzli alles Erdöl erschaffen habe, ist unwiderlegbar; nur hilft sie uns auch nicht dazu, die Gesetzmäßigkeiten der Erdölvorkommen zu verstehen, und Erdöl zu finden.

Diese Gesetzmäßigkeiten aber wollen wir jetzt näher betrachten.

1. Geologische Zusammenhänge der Erdölverteilung.

Die Erdölvorkommen scheinen zunächst ganz unregelmäßig über die Erde verteilt zu sein. Sieht man sich aber die Vorkommen von Erdöl genauer an, so findet man, daß sie häufig den Außenrand von Faltengebirgen begleiten. So findet man Ölspuren von Frankreich bis nach Wien längs des Außenrandes der Alpen. Am Außenrand der Karpathen liegen die polnischen und rumänischen Ölfelder (Abb. 11). Am Kaukasus liegen die Ölfelder von Baku usw. — Andere Ölfelder wiederum stehen nicht im Zusammenhang mit Faltengebirgen, so z. B. die hannoverschen Ölfelder, die Ölfelder des amerikanischen Midcontinent (Kansas, Oklahoma) und der Golfküste (Texas, Louisiana) usw. Zum Verständnis dieser Zusammenhänge werden wir weiter ausholen müssen.

Wir versuchen immer wieder von einer neuen Seite, auf einer neuen Angriffslinie, an unser Problem heranzukommen. Das geschieht deshalb, weil jede Angriffslinie erst im Lichte der Nachbargebiete voll verständlich wird. Darum müssen wir, wie in einem Detektivroman, bald die eine, bald die andere Spur verfolgen, bis schließlich alle Spuren nur noch auf einen Verdächtigen weisen.

Die Angriffslinie, der wir nun folgen wollen, forderte zum ersten Male eine Statistik nach bestimmten Gesichtspunkten. Gefragt wurde: Wie sieht die geologische Umwelt des Erdöls aus? In was für Gesteinen kommt das Erdöl vor, welche Tiere und Pflanzen haben Reste in diesen Gesteinen hinterlassen, unter welchen Bedingungen haben diese Wesen gelebt? Mit der Beantwortung *dieser* Fragen hoffte man in der Lage zu sein, auch die Frage beantworten zu können: In welcher Umwelt *bildet* sich das Erdöl?

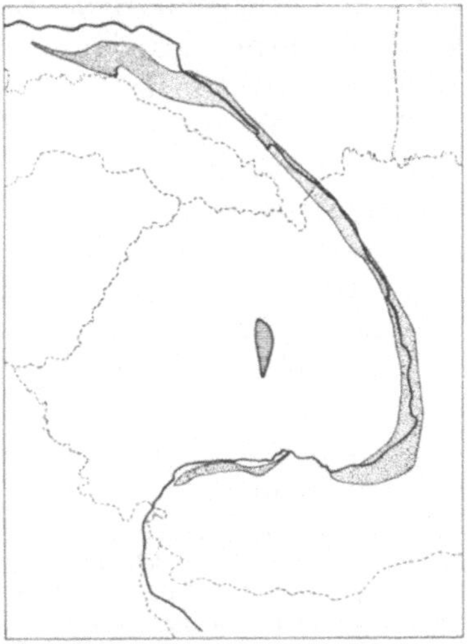

Abb. 11. Der Ölgürtel der Karpathen. Gepunktet: Ölzone. Quere Schraffen: Siebenbürgische Erdgaszone. Ausgezogene Linie: Außenrand der Karpathenüberschiebung. Gestrichelt: Staatsgrenzen.

Eine solche Fragestellung hatte sich bei der Erforschung der *Kohlen* als sehr erfolgreich bewiesen. Es ist gelungen, nachzuweisen, daß unser Torf dieselbe geologische Umwelt hat wie die Kohlen. Untersucht man dann noch die Zusammensetzung von Torf und Kohlen, und verfolgt man die schrittweisen Veränderungen bei zunehmendem Alter, so kann man eine lückenlose Kette von den heutigen Ablagerungen zu den jahrmillionenalten Kohlen ziehen.

Wir werden weiter unten darüber sprechen, wie diese Studien über die geologische Umwelt ausgeführt werden. Jetzt wollen wir nur schnell sagen, was bei diesen so hoffnungsvoll begonnenen Untersuchungen über das Erdöl herauskam: *praktisch nichts*. Wohl ließ sich zeigen, daß das Erdöl vorwiegend in wenig veränderten Ablagerungsgesteinen zu finden ist — aber *gelegentlich* findet es sich auch in hochgradig durch Hitze und Druck veränderten Gesteinen (metamorphen Gesteinen, kristallinen Schiefern), ja sogar in Gesteinen, die aus feurigem Fluß erstarrt sind. Nun ließ sich zwar meist leicht feststellen, daß das Öl in diese Gesteine auf Klüften eingewandert ist (so wie das Quellwasser durch Kalkgestein meist auf Klüften gewandert, aber nicht etwa im Kalk entstanden ist). Das war also bald erklärlich. Gefährlicher war etwas anderes: es wurden immer mehr Gesteine und Umweltsbedingungen gefunden, die da oder dort mit Erdöl verknüpft waren. Zunächst wurde dann von Wissenschaftlern, die nicht genügend weite Erfahrung hatten, jeder dieser Zusammenhänge als die Lösung des Problems der Erdölentstehung angesehen. So wurden Beziehungen zwischen Erdöl und Meerwasser; Erdöl und Brackwasser; Erdöl und Kohlen; Erdöl, Kohlen und Salzwasser; Erdöl und Tonen von bestimmter Zusammensetzung; Erdöl und Magnesiumkarbonat usw. gemeldet. Aber gerade die Vielzahl dieser Beziehungen mußte stutzig machen. Wohl ließen sich die meisten dieser Beziehungen in vielen Ölfeldern nachweisen, aber es fiel nicht schwer, auch Ölfelder nachzuweisen, in denen diese Beziehungen nicht bestanden. Es handelte sich also um zufällige, nicht um wesentliche, notwendige Beziehungen.

In den reichen Erdöllagerstätten geht die Ölführung meist quer durch mehrere tausend Meter Schichtgestein; da ist es nicht verwunderlich, daß wir innerhalb jeder Öllagerstätte viele verschiedene Arten von Schichtgesteinen finden, und daß sich bei dieser großen Auswahl immer auch Ablagerungen finden lassen, die mehreren Öllagerstätten gemeinsam sind.

Stellen wir nun einmal die wichtigsten Gesteine und Umweltbedingungen zusammen, unter denen sich Erdöl findet.

Nehmen wir zunächst die Gesteine: wir finden Erdöl in Tonen, Sanden und Schottern (und in den aus ihnen durch Verfestigung entstandenen Gesteinen: Schiefern, Sandsteinen, Konglomeraten); in Kalk, Dolomit, Gips, Salz, Schwefel; in Kohle (von den obenerwähnten Vorkommen in Magmagesteinen und kristallinen Schiefern sei hier abgesehen). Wir finden Erdöl praktisch in allen Ablagerungsgesteinen, die in größerer Verbreitung auftreten.

Beachten wir nun die Umwelt, die wir aus dem Charakter und der Lebewelt der ölführenden Gesteine ablesen können: da finden wir Erdöl in Dünensanden; in Ablagerungen von Quellen, Flüssen, Süßwasserseen; in Ablagerungen von

Brackwasserseen, deren Wasser verdünntes Meerwasser ist; von Brackwasserseen, deren Wasser eingedampftes Flußwasser ist, wie heute das Wasser des Kaspi-Sees; in Ablagerungen des Meeres, und von Salzseen jeglichen Grades der Eindampfung. Fragen wir nach dem Klima, so finden wir Erdöl in Ablagerungen von Gletscherflüssen der Eiszeit, in Ablagerungen gemäßigten und tropischen Klimas; wir finden Erdöl in Ablagerungen von Wind und von Wasser; in Ablagerungen eines äußerst trockenen Klimas, in dem sich Gips und Salz ausschied, und in Ablagerungen eines äußerst feuchten Klimas, in dem üppige tropische Sumpfwälder wuchsen. Wir finden Erdöl zusammen mit unzählbaren großen oder winzigen versteinerten Tieren oder Pflanzen, und wir finden Erdöl in Schichten, die keine Spur von Leben enthalten. Wir finden Erdöl in Schichten, in denen sich unzählige Kalkskelette von Tieren und Pflanzen erhalten haben, und in Schichten, in denen alle Kalkskelette aufgelöst wurden; in Schichten, die fast nur aus Kieselskeletten bestehen, und in Schichten, in denen keine Kieselskelette vorkommen; in Schichten, in denen sich die organischen Gerüststoffe Horn und Chitin in großer Zahl erhalten haben, und in Schichten, in denen alle organischen Stoffe verwest sind; in Schichten, in denen eine reiche, am Boden lebende Tierwelt ihre Skelette hinterlassen hat; in Schichten, in denen eine ebensolche Tierwelt zwar keine Skelette, wohl aber Spuren, Fährten, Bauten hinterlassen hat; und in Schichten, denen jegliches Anzeichen von Bodenleben fehlt, ja die kein solches Bodenleben enthalten haben konnten, weil das Wasser vergiftet war, usw.

Mit diesen Beobachtungen können wir also nichts Positives anfangen. Wir müssen zu einem von zwei Schlüssen kommen: entweder entsteht das Erdöl tatsächlich unter all diesen grundverschiedenen Bedingungen, oder diese Bedingungen haben überhaupt nichts mit der Bildung des Erdöls zu tun. Für die letztere Möglichkeit spricht besonders d e r Umstand, daß die meisten Gesteine, die an irgendwelchen Stellen Erdöl führen, in viel weiterer Verbreitung o h n e Erdöl vorkommen.

Hier müssen wir uns nun einmal besinnen: was für Bedingungen haben wir denn untersucht? Die Umweltsbedingungen der Gesteine, in denen wir das Erdöl heute finden. Wohin würden wir nun kommen, wenn wir die Umweltsbedingungen jener Gesteine untersuchen würden, die uns das Trinkwasser liefern? Wir würden ganz etwas Ähnliches finden: nämlich, daß Trinkwasser in den allerverschiedensten Gesteinen vorkommt. In unseren Bergen, wo die meisten Schichten Meeresablagerungen sind, finden wir dementsprechend das Trinkwasser meistens in Meeresablagerungen. Viele dieser Meeresablagerungen enthalten Reste von Lebewesen, die bei einem geringeren Salzgehalt als dem des Meerwassers (rund $3^1/_2$%) nicht leben können; so waren z. B. viele Kalke ursprünglich Korallenriffe oder Kalkalgenriffe, wie heute die Riffe der Südsee und des Stillen Ozeans. Wer es einmal versucht hat, weiß, daß man Meerwasser nicht trinken kann. Unser Trinkwasser stammt also vielfach nicht aus den Gesteinen, in denen wir es antreffen. Es stammt aus Regen oder Schnee, und durchwandert Gesteine mit größeren zusammenhängenden Porenräumen. Grundsätzlich besteht bei jeder Flüssigkeit und jedem Gas die Möglichkeit einer Wanderung. Wir müssen also jetzt die Verteilung des Erdöls in den Schichten näher betrachten, um zu sehen, ob sie zur Annahme einer Ortsständigkeit des Erdöls paßt, oder ob wir Wanderung des Erdöls annehmen müssen.

Wir haben schon erwähnt, daß sich das Erdöl immer in den erhobenen Schichtteilen findet, ob das nun die höchsten Teile von Sätteln (Antiklinalscheiteln) oder von schräggestellten Bruchschollen, oder die hochgeschleppten Flanken von Salzstöcken usw. sind. Diese Regel ist früh aufgefunden worden, und auf ihr ist die ganze Ölsuche an solchen Orten aufgebaut, wo an der Oberfläche sich kein Öl oder Gas zeigt.

Zuerst bohrt man natürlich überall da, wo Erdöl oder Erdgas an der Oberfläche austritt; wenn man aber alle solche Stellen untersucht hat, dann muß man auch dorthin gehen, wo man keine direkten Beweise für das Vorhandensein von Öl oder Gas hat.

Alle neueren Entdeckungen von Ölfeldern in den Vereinigten Staaten sind so zustande gekommen, daß man Antiklinen, Salzstöcke usw. geologisch oder geophysikalisch festgestellt hat, und dann mittels Bohrungen nachsah, ob in den gehobenen Stellen Öl oder Gas vorhanden wäre. Desgleichen sind in Rumänien die neueren Entdeckungen von Ölfeldern (Runcu, Ceptura, Boldeşti, Ariceşti, Bucşani) auf diese Weise erfolgt. Die neuen Funde von Erdöl und Erdgas im Wiener Becken sind auf diese Weise erzielt worden. In Deutschland, Irak, Persien, der Sowjet-Union, Südamerika und überall auf der Welt sucht man auf diese Weise mit mehr oder weniger Glück nach Öl, denn es muß zwar das Öl, wenn es vorhanden ist, an solchen Stellen zu finden sein, aber bis heute kann man nicht vorhersagen, ob Öl überhaupt da ist.

Es hat bis in die neueste Zeit Leute gegeben, die behauptet haben, das alles wäre nur Schwindel: die ganze Abhängigkeit des Erdöls von Antiklinen usw. bestände nur darin, daß die Schichten dort, wo sie gehoben sind, der heutigen Oberfläche näher liegen (ursprünglich wird zwar an der Stelle der Hebung oder Auffaltung ein Hügel gebildet; aber die höchsten Stellen werden am schnellsten abgetragen, und so wird an diesen Stellen die Überdeckung rasch mehr und mehr entfernt). Und wo die Schichten der Oberfläche näher liegen, dort können wir sie leichter erreichen. Und darum hätte man eben überall zuerst nur an diesen gehobenen Stellen Öl gefunden.

Leider stimmt das nicht. Es ist nämlich zunächst einmal gar nicht wahr, daß man nur auf solchen gehobenen Schichtstellungen gebohrt hat. Besonders in den Vereinigten Staaten hat man ziemlich überall Löcher in die Gegend gebohrt, oft ohne einen anderen vernünftigen Grund, als den Wunsch, Öl zu finden, oft mit Hilfe der Wünschelrute, von Geistern (spirit guides) und allem möglichen anderen Humbug. Da in einigen Gegenden der Vereinigten Staaten sehr viel Öl vorhanden ist, haben auch solche Wünschelruten- oder Geisterbohrungen gelegentlich Öl gefunden, wenn sie nämlich zufällig an Sätteln usw. saßen. Meist aber fanden sie kein Öl, denn die Sättel, Salzstöcke usw. sind nicht so dick gesät, daß man ihre Auffindung dem Zufall überlassen kann. Viele solcher Bohrungen (nicht nur in den Vereinigten Staaten!) stehen an Stellen, an denen ein Geologe oder Bergingenieur, der im Besitze seiner geistigen Kräfte ist, niemals eine Erdölbohrung aufstellen würde. Diese Bohrungen liefern uns nun den Beweis dafür, daß abseits der gehobenen Schichtstellen in den meisten Schichten tatsächlich kein Öl vorhanden ist. Wir können den Nachweis aber noch viel genauer führen: Wenn man nämlich mit den Bohrungen vom Scheitel der Sättel, oder von den gehobensten Teilen der Salzstockflanken, Bruchschollen usw. sich entfernt, dann trifft man die ölführende Schicht immer tiefer; schließlich findet man in ihr kein Öl mehr, sondern Wasser. Die Grenze zwischen Öl und Wasser ist natürlich eine Fläche, an der das Öl auf dem Wasser schwimmt. Nun sind aber die ölführenden Schichten im Verhältnis zur Größe der Ölfelder sehr dünn: ein bis einige Meter Dicke, gegen viele Kilometer Länge. Bei der Darstellung auf der Karte etwa im Maßstab 1 : 10000 schrumpft daher die Dicke der Schicht zu einer Linie zusammen. Die Zone, an der Öl an Wasser grenzt, erscheint ebenfalls als Linie: man nennt sie Randwasserlinie.

Diese Randwasserlinie ist bei allen älteren Erdölfeldern festgestellt. Denn wenn man auch zunächst auf dem Scheitel bohrte und dort Ländereien und Schurfrechte (das Recht zur Ausbeutung des Erdöls) erwarb, so schob man doch rasch einige Bohrungen gegen die Mulde vor, um festzustellen, wie weit sich das Ölvorkommen erstreckte; denn so weit konnte man mit Hoffnung auf Gewinn Ländereien und Schurfrechte erwerben. Die Kenntnis der Ausdehnung der Ölvorkommen ermöglicht auch eine rohe Vorratsberechnung; davon ausgehend, konnte man sagen, ob sich feste Bauten, Raffinerien, Rohrleitungen usw. bezahlt machen würden, d. h. ob sie für hinreichend lange Zeit genügend zu tun haben würden. — Diesen ersten Versuchsbohrungen ist dann im Laufe der Zeit die Entwicklung des Feldes gefolgt, indem schließlich die ganze Oberfläche über dem Erdölvorkommen bis an die Randwasserlinie mit Bohrungen besetzt wurde. Das ist in vielen Erdölfeldern bereits der Fall, ja viele Ölfelder sind schon erschöpft, wenigstens soweit die eine oder andere ölführende Schicht in Frage kommt.

Es ist also wirklich festgestellt, daß das Vorkommen von Erdöl und Erdgas in der weitaus größten Zahl der Fälle auf die jeweils gehobensten Stellen der Schichten beschränkt ist, in den tieferen Stellen der Schichten folgt dann meistens das Randwasser.

Man hat nun versucht, dies mit der Annahme zu erklären, daß die Sättel usw. schon zur Zeit der Ablagerung der Schichten vorgebildet gewesen seien, etwa in der Form von Untiefen, Inseln usw. Und diese Untiefen, Inselküsten usw. wären eben die Orte, wo sich das Erdöl bildete.

Diese Annahme besteht aus zwei Teilen: 1. daß die Sättel usw. als Erhebungen des Meeresbodens oder Seebodens vorgebildet gewesen seien; 2. daß die Untiefen, Küsten und dergleichen die Bildungsorte des Erdöls seien.

Zum ersten Teil der Annahme können wir anführen, daß wir tatsächlich Fälle kennen, wo Sättel oder Salzstöcke zur Zeit der Ablagerung jüngerer Schichten als Inseln oder Untiefen aufragten; dann wurden die älteren Schichten abgetragen, und ihre Gesteine finden sich als Gerölle in den jüngeren Schichten. Diese jüngeren Schichten bestehen nahe am Sattelscheitel oder am Salzstock aus grobkörnigen Gesteinen mit großen Geröllen; weiter gegen die Mulde folgen feinkörnigere Gesteine, Sande, schließlich Tone. Auch die Versteinerungen, z. B. die Schalen von Schnecken und Muscheln, zeigen dasselbe Bild einer Untiefe: nahe am Sattel oder Salzstock, zusammen mit den grobkörnigen Ablagerungen, finden sich dicke, grobgeformte Schalen von Tieren, die an stark bewegtes Wasser angepaßt waren; weiter draußen gegen die heutige Mulde finden wir zartere, feinschalige, oft schön verzierte Formen, wie wir sie heute in tieferem, ruhigem Wasser finden.

Am häufigsten stimmt die Annahme des langdauernden Bestehens einer geologischen Bauform bei den Salzstöcken. Das Salz ist nämlich leichter als die anderen Ablagerungsgesteine. Es quillt daher unter dem Druck der Überlagerungsschichten an Ausweichstellen in die Höhe. Immer wieder, wenn sich neue Schichten abgelagert haben, steigt auch das Salz wieder auf. Dabei hebt es seine Überlagerung an den Stellen, wo die Überlagerung nur dünn ist. Es entstehen Untiefen und Inseln, wie wir z. B. solche heute im Persischen Golf finden. — Solche Untiefen oder Inseln haben sich an Salzstöcken öfters gebildet; aber keinesfalls stimmt dies nun für alle Zeiten, d. h. also für alle Schichten, die heute an einen Salzstock grenzen. Viele Schichten zeigen unmittelbar am Salzstock, und weit weg davon, ganz dieselbe Gesteinsausbildung, und haben auch hier wie dort ganz dieselben Versteinerungen. Zur Zeit dieser Ablagerungen ragte also der Salzstock nicht als merkliche Untiefe auf.

An Sätteln finden wir Anzeichen ehemaliger Untiefen bei weitem nicht so oft wie an Salzstöcken. Meist gehen die Schichten in derselben Ausbildung und mit denselben Versteinerungen über Sättel und Mulden weg. Auch die Dicke der Schichten bleibt oft genug über Sättel und Mulden gleich. Auf Untiefen aber wird meist weniger Material abgelagert als in tiefen Stellen.

In Rumänien z. B. können wir nachweisen, daß die Dicke der Schichten zur Mulde manchmal deutlich zunimmt. Im Falle solcher Zunahme gegen die Mulde können wir gelegentlich nachweisen, daß der Sattel als Untiefe aufragte: Wir finden z. B. in den Mulden Seeablagerungen mit Muscheln, Schnecken, Moostierchen usw., welche im Brackwasser leben. Den Gesteinen am Sattel fehlen in einigen Fällen solche Brackwassertiere, dagegen finden wir Muscheln, die in Süßwassertümpeln lebten, oder wir finden die Gehäuse luftatmender Schnecken. Diese Antiklinen, gegen welche die Schichtmächtigkeit abnimmt, haben also tatsächlich seinerzeit als Inseln aus dem Wasser aufgeragt.

Wir können so aus der Mächtigkeit der Schichten und der Art der Versteinerungen die Untiefen und Tiefstellen des vorzeitlichen Sees im Geiste wiederherstellen. Wenn wir das aber tun, so finden wir, daß in anderen Fällen Sättel im Gebiete ehemaliger Tiefstellen liegen. In diesen Sätteln haben die Schichten nicht nur eine größere Mächtigkeit als in den anderen Sätteln, sondern die Mächtigkeit ist so groß, wie sonst nur in den tiefsten Mulden zwischen den erstgenannten Sätteln. Diese letzteren Sättel (wir haben sie Antiklinen zweiter Ordnung genannt) sind also offenbar aus ursprünglichen Mulden und Tiefstellen aufgefaltet worden. (Das trifft z. B. in Rumänien für das Pont [Unterpliozän] der Antiklinen von Filipeşti, Ariceşti, Boldeşti zu.) — Diese Falten zweiter Ordnung passen also nicht zu der Annahme von der wir ausgingen, daß nämlich die Sättel zur Zeit der Ablagerung der Schichten Untiefen oder Inseln gewesen sein müßten.

Ebensowenig passen die Erdölvorkommen in Bruchschollen zu der Annahme, daß die Orte der heutigen Öllagerstätten zur Zeit der Ablagerung der Schichten als Untiefen aufragten. Ein Bruch, der einen Schichtstoß auseinanderschneidet, ist meist durch einen einzigen raschen Vorgang entstanden. Wenn die Schichten auseinandergeschnitten und gegeneinander verstellt worden sind, dann verhalten sich die verschieden hochgelagerten Teile bei weiterer Ablagerung verschieden; die hochgelegenen Teile bekommen andere Ablagerungen, und zu derselben Zeit eine andere Menge von Ablagerungen, als die tiefliegenden Teile. Es kommt vor, daß sich auf diese

Weise durch spätere Ablagerungen die Höhenunterschiede zwischen den Bruchschollen allmählich ausgleichen, und daß dann der Bruch nochmals aufreißt; der neuentstandene Teil des Bruches trennt aber dann nicht mehr eine beiderseits von ihm gleichbleibende Schicht, sondern er trennt verschieden ausgebildete und verschieden mächtige Schichten. Wo aber ein Bruch nur Schichten zerschneidet, die beiderseits vom Bruche dieselbe Dicke und Ausbildung zeigen: dort ist auch der Bruch seiner ganzen Höhe nach gleichzeitig, und

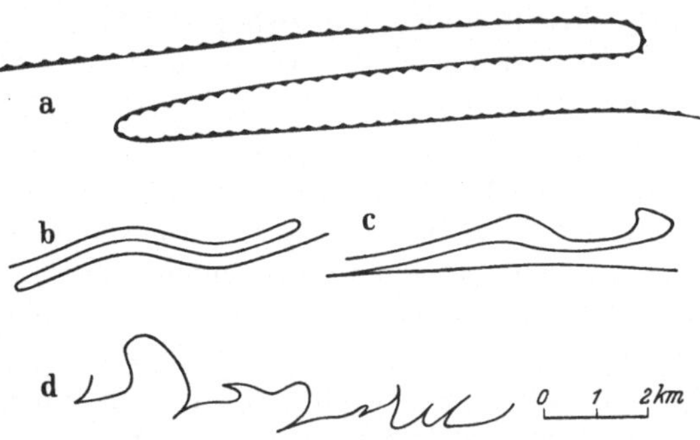

Abb. 12. Deckfalten. a) Die ursprüngliche Oberfläche (gezähnelt) ist in dem „verkehrten Mittelschenkel" heute nach unten gerichtet. Die unterste Lage heißt „Vorland", darüber sind die beiden oberen Lagen als „Deckfalte" geschoben; b) die ganze Deckfalte ist zu einem Sattel und einer Mulde gefaltet; c) nur der obere Schenkel, und in schwächerem Maße der mittlere Schenkel, sind unter Faltenbildung zusammengestaucht; d) Detailfaltung des oberen Faltenschenkels der oberen Randdecke bei Zemes-Solontu in der rumänischen Moldau; dazu Maßstab.

zwar nach Ablagerung der jüngsten betroffenen Schicht entstanden.

Absolut beweisend aber ist der Fall, wenn wir Öllagerstätten im verkehrten Mittelschenkel liegender Falten finden. — Wenn man ein genügend langes Stück Papier oder Stoff zusammenschiebt, so bildet sich zunächst eine stehende Falte, die sich oben allmählich umlegt, und endlich liegen drei Lagen Papier oder Stoff übereinander. Die oberste und unterste Lage liegen normal, die mittlere Lage dagegen liegt verkehrt: ihre Oberfläche ist nach unten gekehrt. — Wir kennen auch in der Natur solche Falten, und zwar in den sogenannten Deckengebirgen (so genannt, weil diese liegenden Falten den Untergrund, auf dem sie liegen, verdecken). Zu diesen Deckengebirgen gehören z. B. die Alpen und die Karpathen. Solche Deckfalten können einen viele Kilometer breiten Streifen des Untergrundes verdecken. Innerhalb einer solchen großen Deckfalte gibt es wieder Stellen, die im großen oder kleinen Sättel und Mulden bilden, wobei alle drei Lagen, oder nur einige Lagen, in diesen Sattelbau einbezogen sein können (Abb. 12).

In solchen Sätteln findet man öfters Öl. Wollte man nun annehmen, daß diese Sättel bereits zur Zeit der Ablagerung der Schichten vorgebildet waren, so müßten wir folgendes annehmen: Am Orte der heute untersten Lage bilden sich Sattelanlagen, am Orte der heute obersten Lage auch. Zahl, Größe und Abstand der Sättel in der obersten und der untersten Lage müßten einander genau entsprechen; außerdem müßte die oberste Lage der Deckfalte genau so weit geschoben werden, daß ihre Sattelanlagen auf die Sättel des Untergrundes passen! (Von der mechanischen Unmöglichkeit des Transports einer gefalteten Schicht ohne weiteren Zusammenschub sei hier ganz abgesehen.) Aber noch nicht genug damit. Wir haben ja noch die Mittelschenkel zu berücksichtigen. Was im Mittelschenkel heute wie ein Sattel aussieht, wird zur Mulde, wenn wir uns die Schichten in ihre ursprüngliche Lage zurückgekippt denken (Abb. 12a, b). Wenigstens für den Mittelschenkel ist also die Annahme vollkommen unmöglich, daß die heutigen Sättel zur Zeit der Ablagerung der Schichten bereits als Sättel vorgebildet waren.

Wenn sich aber das Öl tatsächlich am Ort der Sättel bilden würde; oder wenn es sich in den heute öltragenden Schichten bilden würde und danach den Sätteln innerhalb dieser Schicht zuwandern würde: dann müßten wir in allen den Detailsätteln der Faltenschenkel (Abb. 12d) Öl angereichert finden. Das ist aber nicht der Fall. Die Öllagerstätten sind im großen von der Detailfaltung der Decken unabhängig; sie hängen nur von den Großaufwölbungen ab.

Ich glaube das genügt um zu zeigen, daß die Annahme nicht stichhaltig ist, daß die heutigen Sättel bei der Ablagerung der Schichten vorgebildet sein müßten. Man könnte das Bild leicht noch komplizieren, weil es oft vorkommt, daß zwei oder mehrere Deckfalten übereinanderliegen.

Der zweite Teil der erwähnten Annahme behauptet, daß Küsten oder Untiefen Orte seien, welche für Erdölbildung besonders günstig sind. Auch das trifft nicht zu. Zwar herrscht an solchen Plätzen oft ein reiches Tier- und Pflanzenleben, aber in dem stark bewegten Wasser verwest die organische Substanz meist restlos. Das trifft z. B. für die Seegraswiesen zu. Die Ablagerungen der Küsten und Untiefen sind meist Sande. Die toten organischen Stoffe werden großenteils in die Bezirke stilleren Wassers getrieben und dort zusammen mit der Tontrübe abgelagert. Lebensort und Ablagerungsort der organischen Stoffe sind meist verschieden. Davon sprechen wir später noch eingehender.

Wir haben nun zwei Einwände ausgeschaltet: 1. daß die Beschränkung der Ölvorkommen auf gehobene Schichtteile ein Schwindel sei; 2. daß diese Beschränkung schon bei der Ablagerung der Schichten verursacht worden sei.

Wir haben bis jetzt bei der Darstellung der Sättel immer nur von einer gefalteten Schicht gesprochen. Tatsächlich aber liegen ja zahllose Schichten untereinander. Es ist nun charakteristisch für die bedeutenderen Erdölfelder, daß das Erdöl nicht in nur einer Schicht vorkommt, sondern daß mehrere übereinanderliegende Schichten Erdöl enthalten.

Die Abb. 13, 14 stellen dieses Verhältnis für einen Sattel und für einen Salzstock dar. Wir sehen, daß in den höheren Schichten die Erdölführung weniger weit vom Scheitel wegreicht als in den tieferen Schichten; wir sehen auch am Beispiel des Sattels, daß über dem Erdöl eine Schicht liegt, die vorwiegend Gas führt.

Untersuchen wir eine größere Anzahl von Fällen, so finden wir, daß im allgemeinen die Ölführung in den tieferen Schichten weiter vom Scheitel oder Salzstock weg reicht, als in den höheren Schichten. Auch der Reichtum der Schichten an Erdöl nimmt von unten nach oben meist ab. Dabei ist aber

Voraussetzung, daß die ölführenden Hohlräume der betroffenen Schichten ungefähr gleich groß sind. In Schichten mit großen Poren erstreckt sich die Ölführung weiter als in Schichten mit kleinen Poren. In den Tonen z. B., die zwischen den Sanden liegen, sind nur ein paar Millimeter oder Zentimeter neben den erdölführenden Klüften ölgetränkt.

S N 0,753 0,769–0,787 0,814–0,828 0,870–0,875 0,875–0,881 0,875–0,881 ? ? 0,896 Gas Öl

Abb. 13. Ventura Avenue Ölfeld, Kalifornien. Kegelförmiger Umriß der Ölimprägnationen, darüber Gaskappe mit Leichtöl. Das spezifische Gewicht des Öls nimmt nach oben ab (Ziffern am rechten Rand). Der Strich am linken Rand gibt ungefähr die Tiefe von 2960 m an, in der die Ass. Oil Co. Lloyd 83 ein Öl von $d = 0{,}896$ fand. Nach Hertel.

Wenn wir nun alle hundert Meter eine Bohrung ansetzen, so ist es unwahrscheinlich, daß wir gerade eine solche erdölführende Stelle im Ton treffen. Nur beim Bergbau, und an der Oberfläche z. B. in frischen Wasserrissen, kann man gelegentlich einmal an Klüften solche Öltränkungen in Tonen sehen.

Es scheint uns also meist, als ob die Ölführung ausschließlich auf die Sande (oder klüftige Kalke, Dolomite usw.) beschränkt wäre; für alle praktischen Zwecke können wir das auch ruhig annehmen.

Zwei Gesetze regeln die Reichweite der Öltränkung einer Sandschicht: einmal die Abnahme der Reichweite von unten nach oben, zweitens die Abhängigkeit von der Größe der Poren. Wäre nur die Porengröße entscheidend, so erhielten wir in der Reichweite der Öltränkungen ein Schaubild der Porengröße. Wäre nur die Abnahme der Reichweite nach oben maßgebend, so würden die Grenzen der Ölführung, wenn wir sie durch eine Mantelfläche verbinden würden, zusammen einen Kegelmantel ergeben. Tatsächlich sind nun meistens die Poren in Sanden nicht allzu verschieden groß. Wir erhalten also in den ölführenden Schichten das Bild übereinanderliegender Kappen, von denen diese oder jene weiter oder weniger weit reicht als einer kegelförmigen Umgrenzung entspricht.

Diese Regeln gelten aber nur für einigermaßen reiche Erdölvorkommen. Wo nicht Öl genug vorhanden war um die Schichten zu erfüllen, dort sind die Verhältnisse ganz regellos, dort kann irgendwo im Sand plötzlich die Ölführung ohne ersichtliche Ursache auf einmal aufhören.

Stellen wir uns einmal vor, wir wollten die Güte von Löschpapier prüfen: wir nehmen von den verschiedenen Löschpapieren je 1 kg und bestimmen die Menge Tinte, welche von jedem Löschpapier aufgesaugt wird. Es ist klar, daß wir da jedem Löschpapier Gelegenheit geben müßten, sich dick und voll

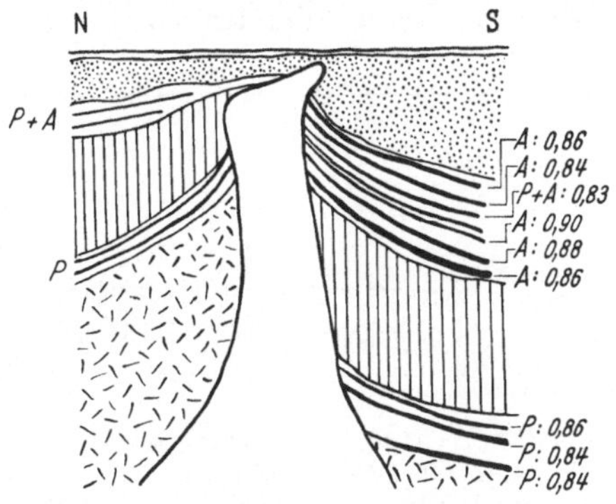

Abb. 14. Geologischer Schnitt durch den Salzstock von Gura Ocnitzei in Rumänien. (Nach Jonescu - Balea; abgeändert). Die erdölführenden Schichten sind als dicke schwarze Linien dargestellt. *A* bedeutet Asphaltöle, *P* = Paraffinöle. Die Ziffern geben das spezifische Gewicht der Öle an.

zu saugen. Nur so können wir die Aufsaugefähigkeit der einzelnen Papiere miteinander vergleichen. Wenn aber jedes der Papiere nur irgendeine willkürliche Anzahl von Tropfen abbekommt, so kann aus der Menge der aufgesaugten Tropfen nichts über die Aufsaugefähigkeit des Papiers geschlossen werden. — Gerade so ist es bei den Ölsanden; nur wo sie sich alle vollsaugen konnten an Erdöl, nur dort sind die Ergebnisse in Reichweite und Reichtum der Tränkung miteinander vergleichbar.

In reicheren Erdöllagerstätten erhalten wir also das Bild mehrerer übereinanderliegender ölführender Schichten, wobei Reichweite und Reichtum der Öltränkung nach oben abnehmen. Das gilt nicht nur für den Fall, daß die Schichten heute noch so übereinanderliegen, wie sie ursprünglich übereinander abgelagert wurden, sondern das gilt auch für den Fall, daß durch Überfaltungen (Deckfalten, siehe Abb. 12) ältere Schichten über jüngere zu liegen kamen. Wenn wir die Zone der Ölführung jetzt verallgemeinernd als Kegel betrachten, so kümmert sich dieser Kegel nicht im geringsten um das Alter der Schichten, sondern setzt von alten in junge Schichten, setzt quer durch Brüche, Überfaltungen usw.

Hierfür einige Beispiele.

In der Oklahoma-City-Antikline (Abb. 15) in den Vereinigten Staaten findet man Öl vom Oberkambrium bis zum Oberkarbon (siehe die Zeittafel S. 160). Vor der Ablagerung des Oberkarbons waren die älteren Schichten bereits gefaltet worden; diese Falte war dann abgetragen worden, wobei am

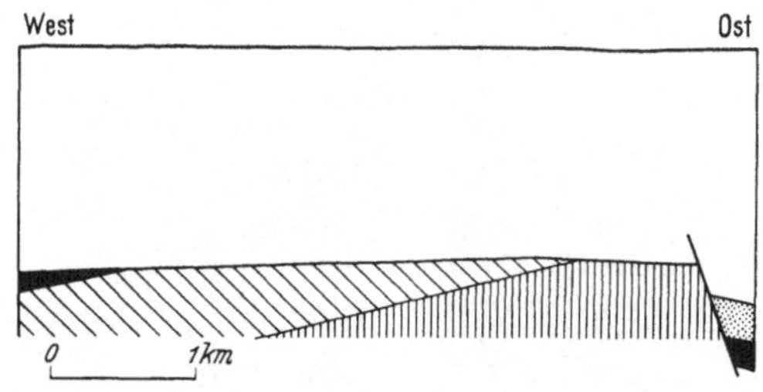

Abb. 15. Oklahoma City Ölfeld. Aufrechte Schraffen: Arbuckle Kalk, etwa 500 Millionen Jahre alt. Weiß: Schichten der Steinkohlenzeit, etwa 250 Millionen Jahre alt. Die tieferen Schichten sind gefaltet und abgetragen worden, ehe die Schichten der Steinkohlenzeit sich darüber legten („Diskordanz"). Die Schraffen dienen nur der Kennzeichnung der Schichten. Die Schichten liegen parallel zu ihren unteren Begrenzungsflächen.

Scheitel alle Schichten bis zu den oberkambrischen Kalken entfernt wurden. Über diese Ablagerungsfläche wurde dann das Oberkarbon abgelagert. Später wurde das Oberkarbon mit den älteren Schichten zusammen weiter gefaltet, wobei noch auf der östlichen Flanke ein Bruch auftrat. Die Abtragungsfläche trennt nun am Scheitel Gesteine sehr verschiedenen Alters: der untenliegende Kalk ist rund doppelt so alt wie die darüberliegenden Schichten des Oberkarbon, das unserer Steinkohlenzeit entspricht.

Man schätzt das Alter des Oberkarbons auf etwa 250 Millionen Jahre, das Alter des Kambriums auf etwa 500 Millionen Jahre. Diese Altersangaben sind allerdings sehr unsicher. Wir können aber daraus entnehmen, daß die Zeitlücke zwischen Oberkambrium und Oberkarbon vielleicht annähernd so groß sein dürfte, wie die vom Oberkarbon bis heute vergangene Zeit.

Zwischen den Schichten, die heute aufeinanderliegen, liegt eine unendlich lange Zeit; trotzdem greift die Ölführung durch diese ungeheure Zeitlücke hindurch, als wäre nichts

Abb. 16. Kap Missolungi, Griechenland. (Durch die „Illuft" vom Luftschiffbau Zeppelin erhalten.) Die Schichten fallen nach links ein. Die Brandung zerstört die Küste. Es entsteht eine Abtragungsebene in einer Tiefe von einigen Metern, aus der die härteren Schichten etwas hervorragen. Auf den Hervorragungen sitzen Algen; diese sind im Wasser kenntlich und markieren so den Verlauf der Schichten. Würden über dieser Abtragungsebene neue Schichten abgelagert, so würden diese mit den abgetragenen Schichten einen Winkel bilden („Diskordanz", vgl. Abb. 15).

geschehen. Das Bild ist nicht anders als im Falle der Antikline von Ventura Avenue (Abb. 13), wo die aufeinanderfolgenden Schichten ohne größere Zeitlücke eine nach der anderen abgelagert wurden, und die ältesten in der Zeichnung dargestellten Schichten nur etwa 2 Millionen Jahre alt sind.

Ein anderes Beispiel: Bei Moineşti in Rumänien (Abb. 17) finden wir Öl in den angehobenen Schichten an einer Schubfläche. Die Schubfläche trennt Miozän von einer kompliziert zusammengesetzten Schichtfolge: Zuunterst liegt Oligozän, das wahrscheinlich einer Deckfalte angehört (tiefer reichen die Bohrungen nicht); über diesem Oligozän ist etwas Miozän mit Gips abgelagert worden; später ist eine neue Deckfalte, bestehend aus Eozän und Oligozän darüber geschoben worden; das Oligozän und ein Teil des Eozäns ist durch Ab-

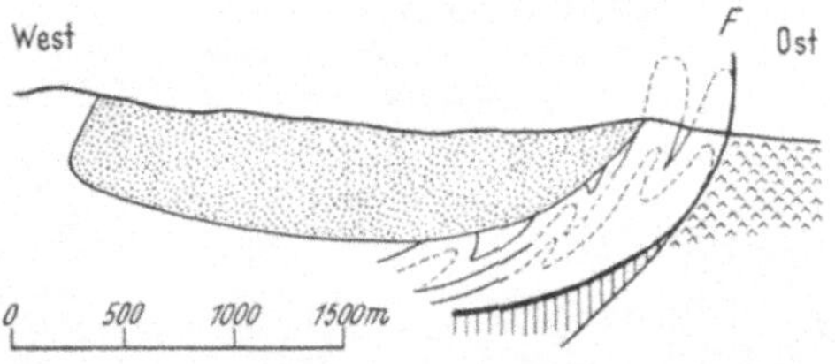

Abb. 17. Ölfeld Moinesti, Rumänien. — Aufrechte Schraffen: Oligozän, etwa 8 Millionen Jahre alt; schwarz: Miozän, etwa 5; weiß: Eozän, 20—30; gepunktet: Pliozän, etwa 2; Dächer: jüngeres Miozän, etwa 3—5 Millionen Jahre alt. Erdöl findet sich in allen Schichten, jedoch nur in den aufgebogenen Schichtteilen links von der Schubfläche *F* in ausbeutbaren Mengen. Das Miozän rechts der Schubfläche hat, außer Erdöl in Handschächten, auch Erdwachs geliefert.

tragung entfernt worden; und darüber hat sich Pliozän abgelagert. (Vgl. die Zeittafel S. 160.) Die tiefsten Schichten (Oligozän) wurden im Meere abgelagert; und zwar war es ein nicht durchlüftetes Meer mit vergiftetem „stehendem" (d. h. wenig bewegtem) Bodenwasser, wie das heutige Schwarze Meer; diese Ablagerungen enthalten daher keine Reste von am Boden lebenden Tieren und Pflanzen, dafür aber Reste von schwimmenden Tieren (Fischen) und schwebenden Tieren und Pflanzen (Plankton); Kalkschalen sind in diesen Ablagerungen aufgelöst worden, aber Reste aus Horn und Chitin sind erhalten geblieben. — Das Miozän ist auch aus Salzwasser abgelagert, aber aus einem durchlüfteten, nicht vergifteten Salzwasser, das zudem zeitweise so stark eingedampft war, daß sich Gips ausschied; die Ausscheidung von Gips beginnt bei einem Salzgehalt von etwa 18%, dabei können die meisten Tiere und Pflanzen nicht mehr leben; wir finden daher nur Reste von schwebenden Tieren (Foraminferen), die wahrscheinlich bei gelegentlichen Einbrüchen von Meerwasser in die eindampfende Meeresbucht mitgebracht wurden, wie das heute in der Kara Bugas Bucht des Kaspi-Sees geschieht; von diesen Foraminiferen („Kammerlingen") haben sich die Kalkschalen erhalten. — Das Eozän ist eine Ablagerung normalen, gutgelüfteten und stark bewegten Meereswassers; wir finden Spuren, Fährten und Bauten von am Boden lebenden Tieren in Hülle und Fülle, die Skelete dieser Tiere aber sind meist verschwunden; nur in rasch abgelagerten grobkörnigen Lagen finden wir Kalkschalen erhalten; an der Oberfläche solcher Lagen können wir beobachten wie der Kalk angelöst wurde; Skelete aus Horn und Chitin sind verschwunden, ihr Platz ist heute vielleicht von einem manchmal seidig glänzenden Ton eingenommen; den Spuren und Fährten nach müssen Tiere mit Hornschuppen oder Chitinskeleten reichlich vorhanden gewesen sein (Fische, Würmer, Krabben). — Das Pliozän ist die Ablagerung eines Süßwassersees mit gut durchlüfttem Wasser, und mit Kalkschalen von Muscheln und Schnecken, die am Boden dieses Wassers lebten.

Die Ölführung kümmert sich um die Entstehungsgeschichte, das Alter der Gesteine, die Abtragungsflächen, Schubflächen, Überfaltungen usw. nicht im mindesten. Wir finden Öl im Oligozän, darüber im Eozän, darüber im Pliozän, und jenseits der Schubfläche auch im Miozän. Die Ölführung durchsetzt die Schichten, als ob sie eine einheitliche Ablagerung wären.

In Galizien finden wir Öllagerstätten in den Detailfalten zweier Decken, die aus Gesteinen der Kreidezeit und des Alt-Tertiärs bestehen. Die Öllagerstätten hören gegen Westen zu an einer Nordost-Südwest verlaufenden Linie auf, während die Gesteine und die Gebirgsfalten ruhig weiter nach Westen laufen. Offenbar bedingt also weder die Verbreitung der heute öltragenden Gesteine, noch der Lauf der Gebirgsfalten, die Verteilung der Erdölvorkommen. Diese hängen vielmehr von dem Bau des von den Deckfalten überschobenen Untergrundes ab; wir wissen nämlich aus Schweremessungen, daß die Baulinien des Untergrundes parallel zu der Westgrenze der Erdölvorkommen laufen.

Solche Beispiele ließen sich leicht vervielfältigen. Natürlich kann man so etwas nur in kompliziert gebauten Ölfeldern finden. Je einfacher ein Ölfeld gebaut ist, um so weniger kann man daran studieren. Nun sind aber leider die einfachen Ölfelder meist auch die reichsten; je verwickelter ein Ölfeld gebaut ist, desto weniger Öl hat es meistens. Darum sind die Verhältnisse der einfachen Ölfelder viel und oft untersucht worden; die an sich schon schwerverständlichen Verhältnisse der komplizierten Bauformen aber sind meist viel weniger gut bekannt. Und doch geben gerade die komplizierten Bauformen Aufschluß über viele Dinge, die in den einfach gebauten Feldern nicht einmal als Probleme erkannt werden. Mit dem Staunen aber fängt jede Wissenschaft an; erst wenn man sich über etwas wundert, untersucht man es.

Wir haben gesehen, daß die Ölführung durch die Schichtstöße quer hindurch greift, ohne irgendwelche Rücksicht auf die Zusammensetzung dieser Schichtstöße. Das gilt nicht nur für die Zusammensetzung aus Deckfalten, Schollen usw., und für das Durchgreifen der Ölführung quer durch Abtragungsflächen, Überschiebungsflächen, Schubflächen, Brüche usw., sondern das gilt ebenso für die Zusammensetzung eines Schichtstoßes aus Schichten verschiedenster Entstehung.

Eine derartige Lagerung kennen wir sonst nur von Magmagesteinen. Granitstöcke z. B. durchsetzen die Schichten in ähnlicher Weise. Aber ein Granitstock besteht ganz aus Granit, die Schichten welche ehemals den Platz des Stockes einnahmen sind weggehoben oder eingeschmolzen. Das Öl aber füllt in seiner stockartigen Zone nur die Hohlräume der grobporigen Gesteine; es bildet Stockwerke, und erfüllt auch die nicht ganz. Gerade so verhalten sich oft Erzlösungen, die von Magmastöcken oder von Klüften ausgehen; auch sie imprägnieren das Gestein nur, haben es aber nicht verdrängt. Solche Erzlager nennen wir Imprägnationslagerstätten, und die Öllagerstätten sind grundsätzlich gleichartig. Nur erstrecken sich die Imprägnationslagerstätten viel weniger weit weg von den Klüften; denn die heißen Erzlösungen und Schmelzflüsse kühlen sich in den kalten porösen Schichten rasch ab, dabei müssen die Lösungen ihren Erzgehalt ausscheiden, und die Schmelzflüsse erstarren. Das Erdöl aber ist bei der gewöhnlichen Temperatur der ölführenden Schichten flüssig, und kann sich daher viel leichter und weiter in diesen Schichten bewegen.

Die Erscheinungsform der Erdöllagerstätten ist also dieselbe wie die Erscheinungsform von Erzlagerstätten, von denen wir wissen, daß ihr Erzgehalt nicht ursprünglich in den Schichten erhalten war, sondern erst später aus Klüften in die porösen Schichten eingewandert ist. Ist nun für die Erdöllagerstätten auch eine derartige Entstehung möglich?

2. Wanderung des Erdöls.

Zunächst hat man gemeint, eine Wanderung von Erdöl in lotrechter Richtung sei unmöglich, weil zwischen den einzelnen ölführenden Sanden, Sandsteinen, oder Kalken, immer wieder Tongesteine liegen, in denen das Öl nicht wandern kann; denn die Poren der Tongesteine sind so klein, daß eingedrungene Flüssigkeit festgehalten und nicht wieder abgegeben wird; ähnlich wie wir Tinte aus einem Löschblatt mit aller Kraft nicht wieder hinausdrücken können. Und wenn schon das Erdöl durch solche Gesteine wandern würde, so müßten diese Gesteine erfüllt werden von aufgesaugten (adsorbierten) Stoffen; die Anwesenheit aufgesaugter Stoffe ist also ein entscheidendes Kennzeichen dafür, ob Öl durch die Poren solcher tonigen Gesteine gewandert ist.

Die meisten Tongesteine zwischen ölführenden Schichten enthalten nichts von solchen aufgesaugten Stoffen. Also ist kein Öl durch die Poren dieser Tone gewandert.

Dasselbe gilt aber auch für die Erze der Imprägnationslagerstätten. Auch die Erzlösungen oder Erzschmelzen sind nicht in lotrechter Richtung in breiter Front durch die Poren der Gesteine gewandert, bis sie zu ihren porösen Speichergesteinen kamen. Sie haben vielmehr die Schichten auf dünnen Klüften gequert. Auch das Wasser durchquert „undurchlässige“ Schichten auf Klüften.

Dem Erdöl hat man aber diese Möglichkeit bestreiten wollen. Zunächst hat man angeführt, daß solche Klüfte in den

Erdölfeldern nicht beobachtet worden seien. Weiter hat man erklärt, in größeren Tiefen wäre der auf den Gesteinen lastende Druck so groß, daß sich die Klüfte gleich wieder schließen müßten. Dann hat man bestritten, daß Klüfte in „plastischen" Gesteinen, wie Ton oder Salz, überhaupt möglich seien. Endlich hat man erklärt, daß ja auf einer solchen Kluft Öl und Gas zur Oberfläche entfliehen müßten.

Nehmen wir nun diese Einwände nacheinander vor. Zunächst der Einwand, daß Klüfte in den Erdölfeldern nicht beobachtet worden seien. Das stimmt nicht. Es stimmt nur für jene Erdölfelder, in denen das Öl nur aus Bohrungen gewonnen wird — und das sind allerdings fast alle Erdölfelder. In einer Bohrung kann man eine offene Kluft nicht feststellen.

Um das Gestein kennenzulernen, bohrt man nämlich mittels eines gezahnten Hohlzylinders einen Zylinder („Bohrkern") aus dem Gestein heraus. Ist das Gestein aber irgendwo zerbrochen, so beginnt an dieser Stelle der gebohrte Zylinder sich zu drehen, und aus der Bruchfläche (Kluft) wird eine Schmierzone, an der die angrenzenden Teile des Gesteins ineinander zerrieben werden. Dasselbe geschieht aber auch sonst häufig, wenn das Gestein zerbricht, weil es Schwächestellen anderer Art besitzt, oder (und das ist das häufigste), wenn beim Bohren nicht aufgepaßt wird. In den meisten Fällen bedeutet eine solche Schmierzone in einem Bohrkern also keine Kluft; und ob die Schmierzone durch eine Kluft entstanden ist oder nicht, läßt sich nicht entscheiden. Wenn ein Bohrkern mit unverschmierten Bruchflächen heraufkommt, dann ist er sehr wahrscheinlich erst im Kernbohrapparat zerbrochen. Also in Bohrungen kann man offene Klüfte nicht feststellen. Man findet aber gelegentlich „verheilte" Klüfte, das heißt Klüfte, in denen sich z. B. Kalk ausgeschieden und so die Kluft verkittet hat. In diesem Falle bildet das Gestein wieder ein festes Ganzes und läßt sich leicht als Ganzes durchbohren.

Man muß auch daran denken, wie unwahrscheinlich es von vornherein sein muß, beim Bohren gerade eine solche Kluft zu treffen. Die Klüfte stehen meist ungefähr lotrecht und die Bohrungen auch. In vielen Fällen werden also Klüfte und Bohrungen parallel zueinander laufen. Dann aber steht ja auch in einem dicht abgebohrten Ölfeld nur etwa eine Bohrung auf alle hundert Meter, und die Bohrung ist ein Loch von meist 10 bis 60 cm Durchmesser. Nur ein Dreißigtausendstel bis ein Millionstel der Fläche des Ölfeldes wird also auf diese Weise wirklich durchforscht, und nur auf einem geringen Teil der Länge des Bohrloches werden Kerne genommen, denn das Kernen ist langwierig und teuer.

Ganz anders liegt die Sache in Erdölbergwerken, von denen es aber nur wenige gibt (Wietze b. Celle in Hannover, Heide in Holstein, Pechelbronn im Elsaß, Sarata in Rumänien). Denn im Bergwerk sieht man einmal schon im Schacht alles mit eigenen Augen. Dann aber baut man vom Schacht aus „Strecken“ (Tunnels), die ungefähr waagerecht verlaufen (man macht sie etwas gegen den Schacht geneigt, damit das Wasser und Öl zum Schacht abfließt, und die beladenen Förderwagen leichter rollen). Diese waagerechten Strekken nun müssen die lotrechten Klüfte schneiden. Es wäre ein Zufall, wenn Kluft und Strecke parallel laufen würden. Zudem sind die wichtigsten Klüfte die Querklüfte, die parallel zur Richtung des gebirgsbildenden Druckes laufen; diese Klüfte werden deshalb vom gebirgsbildenden Druck nicht zusammengedrückt, bleiben also offen. Nun formt der gebirgsbildende Druck die Falten senkrecht zu seiner Richtung, wie man leicht sehen kann, wenn man Tuch oder Papier zusammenschiebt. Wenn man eine waagerechte Linie auf so einer Falte zieht, so läuft sie senkrecht zur Richtung des gebirgsbildenden Druckes, damit aber senkrecht zur Richtung der Querklüfte. Wenn man also eine waagerechte Strecke in einer gefalteten Schicht vortreibt, so läuft diese Strecke senkrecht zu den Querklüften, und muß diese schneiden.

Man hat solche Klüfte z. B. in Pechelbronn (Elsaß) und in Sărata (Rumänien) vielfach angefahren und beobachtet. Im Schacht I Drainage auf dem Ölfeld Câmpina Bucea (Rumänien) fanden wir solche Klüfte in Tonen, die über der ölführenden Schichtfolge liegen, bis zur größten Tiefe des Schachts (290 m).

Es gibt also tatsächlich Klüfte in den Erdölfeldern.

Nun zu den Einwänden, daß Klüfte in der Tiefe oder in „plastischen“ Gesteinen nicht entstehen oder nicht bestehen könnten. Diese Annahme ist schon durch das Auftreten von Klüften in dem erwähnten Schacht von Campina bis zu einer Tiefe von 290 m wiederlegt; denn die Tongesteine, in denen die Klüfte sich befanden, wurden zum großen Teile plastisch, sobald sie naß wurden. In der Grube allerdings waren sie zunächst trocken und spröde, später nahmen sie oberflächlich aus der Luft etwas Feuchtigkeit auf. An einer Stelle wurde in einer Strecke eine alte Bohrung angefahren, in der Wasser stand; wo der Ton feucht wurde, blähte er sich und dehnte sich aus, so daß die Strecke immer wieder neu ausgearbeitet werden mußte. — Ein anderer Beweis für die Möglichkeit von Klüften in „plastischen“ Gesteinen liegt darin, daß wir solche Klüfte — auch aus Bohrungen — kennen, die wieder ausge-

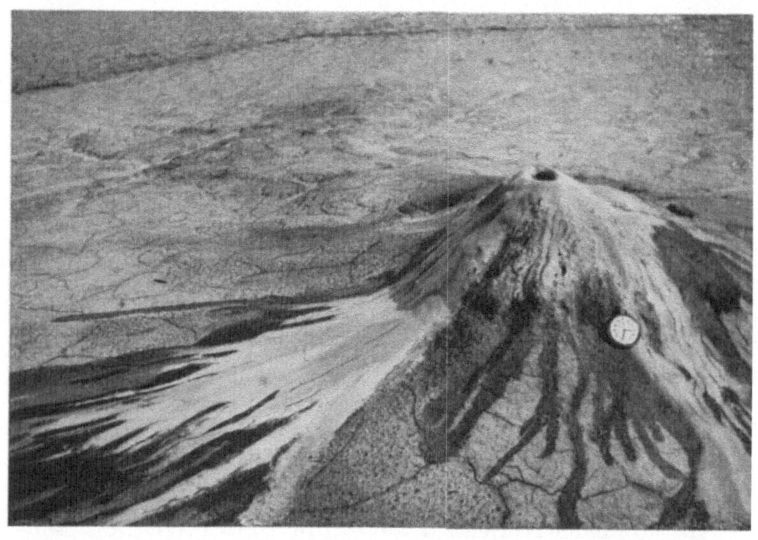

Abb. 18. „Salse“: Vulkanähnlicher Kegel, aufgebaut durch erdgasführendes Schlammwasser. Paclele mici bei Buzeu, Rumänien. Kelterborn phot. Aus der Zeitschrift „Der Naturforscher“, Jg. 12, S. 200 (1935). Hugo Bermühler-Verlag, Berlin-Lichterfelde.

heilt sind; diese Klüfte waren also einmal offen, und wurden im Laufe der Zeit ausgefüllt.

Auch sind „plastisch“ und „spröde“ nur relative Begriffe. Wenn man kalten Siegellack bricht oder mit dem Hammer schlägt, dann splittert er wie ein spröder Körper; wenn man aber denselben Siegellack an beiden Enden unterstützt, so daß die Mitte nicht unterstützt ist, dann kann man nach einigen Wochen sehen, wie „plastisch“ sich die Siegellackstange gegen diese lange und langsam wirkende Beanspruchung verhält.

Die Schnelligkeit der Beanspruchung entscheidet also vielfach darüber, wie ein Körper sich verhält. Während Salz unter dem Druck des überlagernden Gebirges im Laufe langer Zeiträume fließt, splittert und bricht es unter einem Hammerschlag; wir kennen vom Salz Verfaltungen, die an die Zeichnungen mancher vielfarbiger Radiergummi erinnern, und wir kennen im Salz Klüfte, die offen oder mit irgendwelchen Mineralien ausgefüllt sind.

Abb. 19. Teil des Salsenfeldes Pâclele mici zwischen Berca und Beciu, Distrikt Buzeu, Rumänien. Kelterborn phot. 1929.

Wo gasführende Lagerstätten durch Klüfte mit der Erdoberfläche verbunden werden, dort strömt an der Oberfläche das Gas aus. Meist nimmt das Gas auf seinem Wege auch Öl und Wasser mit. Diese Flüssigkeiten bringen schon aus ihrer Lagerstätte Schlamm mit, sie nehmen aber auch beim Wandern von den Kluftwänden Schlamm auf. Nun ist aber eine Kluft niemals überall weit offen, sondern sie ist da und dort verstürzt, oder die Wände pressen aufeinander. Der Durchgang durch die Kluft wird erst durch die strömenden

Flüssigkeiten oder Gase allmählich frei gemacht. Nahe der Oberfläche begünstigt ein starker Druckabfall das Wegräumen von Hindernissen. Von unten wirkt der starke Druck der Flüssigkeiten oder Gase, von oben drückt nur die Luft. Wo einmal die Verbindung mit der Oberfläche hergestellt ist, dorthin findet eine starke Strömung statt, die nun die Kluft längs einer Strömungslinie zum Kanal ausbaut. Über dem Austrittspunkt dieses Kanals wird der von den Flüssigkeiten mitgeführte Schlamm abgelagert, während die Flüssigkeiten abfließen oder verdunsten. Der Schlamm häuft sich an, und bildet vulkanähnliche Kegel, die sogenannten „Salsen" (Abb. 18, 19).

Die Salsen werden manchmal fälschlich Schlammvulkane genannt; es sind aber gar keine Vulkane, sie sehen nur so aus. Vulkane sind Feuerberge, aufgebaut aus vulkanischer Asche und ehemals flüssiger Lava.

Solche „Salsen" finden wir nun z. B. zwischen Beciu und Berca in Rumänien. Bei einer großen Zahl von Salsen können wir feststellen, daß die öl- und gasführende Schicht (Mäot) aus der sie stammen, an 1000 Meter tief liegt. Die Gase, das (sehr wenige) Erdöl, und ein Teil des Salzwassers der Salsen, durchqueren also von dieser Tiefe aus die Schichten; und diese 1000 Meter bestehen vorwiegend aus Tonen, die in feuchtem Zustand großenteils plastisch sind. (Nicht jeder feuchte Ton ist plastisch. Darum eignen sich so wenige Tone für Töpferei, Ziegel usw.) Hier haben wir also einen direkten Beweis für eine natürliche Wanderung quer durch 1000 m großenteils plastischer Schichten.

Es gibt also tatsächlich Klüfte auch in „plastischen" Gesteinen, und auch in größeren Tiefen.

Der letzte Einwand meint, daß auf einer offenen Kluft alles Öl und Gas zur Oberfläche käme, und so verschwinden würde. Durch Klüfte könnten also Lagerstätten nur vernichtet, aber nicht gebildet werden. — Dieser Einwand setzt voraus, daß alle Klüfte bis zur Oberfläche durchgehen müßten; das ist aber keineswegs der Fall. Die Klüfte haben nach oben und unten, und auch seitlich, nur eine beschränkte Ausdehnung. — Man sehe sich einmal eine beim Trocknen zersprungene Holzplatte an. Meistens geht nicht ein glatter Sprung durch, sondern ein Sprung fängt dünn an, wird breiter und wieder schmaler, und wie er schmäler wird, setzt daneben ein neuer Sprung auf usw. — Wenn man einen Balken biegt, bilden sich an der konvexen Außenseite Zerrsprünge, die konkave Innenseite wird zusammengedrückt; ähnliches ist auch bei Falten innerhalb der einzelnen Schichten zu erwarten. Tatsächlich können wir z. B. an Erzgängen vielfach sehen, wie die Gänge nach oben an Dicke abnehmen und verschwinden.

Es gibt also viele Fälle, wo Klüfte in den Schichten vorhanden sind, aber nicht bis zur Oberfläche heraufreichen.

Nun kommt die Frage: haben wir auch Beweise dafür, daß das Erdöl auf solchen Klüften wandert? — Da können wir zunächst jene Fälle anführen, wo in Salsen Erdöl zusammen mit Salzwasser austritt. Solche Vorkommen kennen wir z. B. von Rußland, Rumänien, Trinidad, Kolumbien, Niederländisch-Indien usw. Alle die größeren und kleinen Asphaltseen (z. B. auf Trinidad, Bermuda usw.) und Asphalttümpel, „Teerkuhlen“ usw. werden aus der Tiefe gespeist. In Erdölgebieten Rumäniens und Jugoslawiens sind in Mergeln dünne Klüfte gefunden worden, die mit Ölhäuten erfüllt waren, und von denen aus der Mergel auf einige Millimeter oder Zentimeter mit Öl imprägniert war.

In deutschen Salzbergwerken haben sich öfters Einbrüche von Erdöl ereignet, bei denen allerdings meist nur wenig Erdöl gefunden wurde. In Volkenroda aber ereignete sich 1930 ein großer Erdöleinbruch; das Erdöl stammte aus dem ölführenden Dolomit und war auf Spalten durch 50 m Steinsalz gewandert. — Diese Erdöleinbrüche unterscheiden sich nur durch den wandernden Stoff von den Gas- und Wassereinbrüchen, die wir aus Bergwerken aller Art kennen. Jede Flüssigkeit und jedes Gas kann natürlich auf Klüften wandern, das Erdöl ebenso wie Wasser oder wie Kohlengase usw. Grundsätzlich besteht kein Unterschied. Ein Unterschied besteht nur in der Art und Schnelligkeit der Wanderung. Gas wandert sehr rasch und auch durch sehr kleine Hohlräume; Öl ist zäher (viskoser) als Wasser, und wandert daher langsamer als Wasser, auch wird es leichter festgehalten als Wasser.

Wir können also in einigen Fällen feststellen, daß Erdöl auf Klüften wandert; an der Erdoberfläche sind Klüfte mit Ölhäutchen beobachtet worden.

In den meisten Fällen gibt natürlich eine ölführende Kluft an der Oberfläche sofort ihr Öl ab und nimmt Wasser auf (Grundwasser, Fluß-, Regenwasser usw.); denn das Wasser ist schwerer als das Öl und sinkt in der Kluft unter, während das Öl nach oben steigt und dem Wasser Platz macht; ölführende Sande oder Klüfte „verwässern" also, wenn sie an der Oberfläche ausstreichen („ausbeißen"). Wir können also im allgemeinen nicht erwarten, an der Oberfläche ölführende Klüfte zu finden; Ölbergwerke aber, in denen wir ölführende Klüfte in der Tiefe nachweisen könnten, gibt es nur sehr wenige.

Hier hilft uns etwas anderes. An der Oberfläche verliert das Öl seine leichten Bestandteile (z. B. Benzin) durch Verdunsten; es wird dabei dicker und zäher. Infolge der Einwirkung von Sauerstoff bilden sich komplizierte schwere Stoffe, die bei gewöhnlicher Temperatur fest sind. Diese festen Stoffe erfüllen schließlich die Klüfte nahe der Oberfläche. Es gibt zwei grundverschiedene Gruppen dieser festen Stoffe: die Gruppe der P a r a f f i n e und E r d w a c h s e, und die Gruppe der A s p h a l t e. Erdwachsgänge (Klüfte, die mit Erdwachs ausgefüllt sind) wurden in galizischen und rumänischen Erdölfeldern bis in Tiefen von mehr als 200 m verfolgt (Abb. 20). Asphaltgänge kennt man in einer Länge von mehreren Kilometern, bis zu Tiefen von einigen hundert Metern, und in Dicken bis zu einigen Metern. Ausgehend von Klüften, die heute mit reinem Asphalt erfüllt sind, sind oft Sande, Tone oder Kalke mit Öl, das heute als Asphalt vorliegt, imprägniert worden; so z. B. bei Vorwohle in Braunschweig und bei Matitza in Rumänien. Ein schöner, aber dünner Asphaltgang findet sich auch bei Bentheim an der holländischen Grenze. Sogar in Steinsalz hat man solche Asphaltgänge gefunden; das erinnert an die erdölführenden Spalten in Steinsalz, die wir oben erwähnten.

Wir haben früher die Salsen erwähnt, welche Wasser und Schlamm zusammen mit Erdgas, und oft auch zusammen mit

Erdöl fördern. In den Klüften und Kanälen, die zu solchen Salsen führen, setzt sich der Schlamm ab, wenn die Bewegung der Flüssigkeit aufhört, z. B. also, wenn der Gasvorrat in der Tiefe erschöpft ist, der Druck stark nachgelassen hat. Ähnliches muß in allen Klüften geschehen, die Schlammwasser führen, auch wenn diese Klüfte nicht bis an die Oberfläche reichen. Der Schlamm und Sand erhärtet im Lauf der Zeit und wir erhalten dann Sandsteingänge. Solche Sandsteingänge kennen wir aus vielen Ölgebieten, z. B. von Kalifornien, Trinidad, Rumänien, Birma usw.

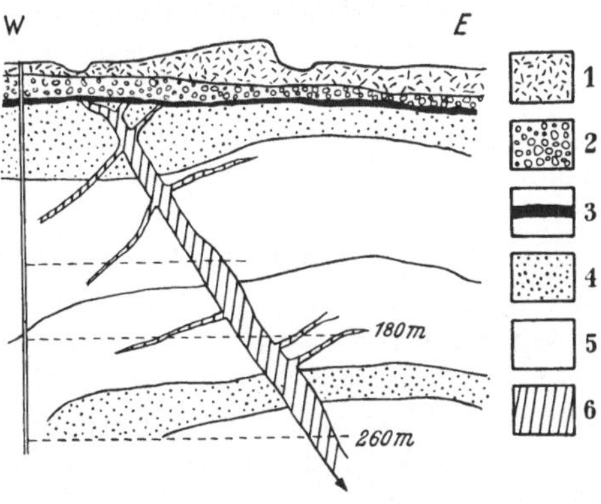

Abb. 20. Klüfte mit Erdwachs in Borysław, Polen. 1—3 Ablagerungen der Jetztzeit und der Eiszeit; 4 Ölsand (Tertiär); 5 Ton (Tertiär); 6 Erdwachsführende Klüfte. Nach Muck.

Auch die gelösten Stoffe des wandernden Wassers scheiden sich aus, wenn das Wasser stehenbleibt; so bilden sich Gänge von Kalkspat, Gips usw., wie wir sie z. B. in der Nachbarschaft der deutschen Salzstöcke kennen. Der Asphaltgang von Bentheim führt außer Asphalt noch Kalkspat; auch viele andere Asphaltgänge führen außer Asphalt noch Kalkspat oder Sandstein, und auch die Erdwachsgänge in den polnischen Erdölgebieten führen meist Erdwachs und Sandstein.

Wir können also, wenn auch selten, flüssiges Öl auf Klüften, und in Wanderung quer durch die Schichten feststellen. Häufiger aber können wir an der Erdoberfläche Klüfte finden, die mit festen Rückständen oder Umbildungsstoffen von

Erdöl (Asphalt, Erdwachs) erfüllt sind. Und die Sandsteingänge, Kalkgänge, Gipsgänge usw. der Erdöllagerstätten deuten auf wanderndes Wasser, wenn schon nicht auf wanderndes Öl. Aber wenn die eine Flüssigkeit wandert, dann liegt kein Grund vor, warum es die andere nicht auch können sollte. Auf mancher Kluft kommt Asphalt mit Kalkspat zusammen vor; das zeigt, daß tatsächlich Öl und Wasser zusammen auf derselben Kluft gewandert ist.

Es gibt also Klüfte in den Ölfeldern, und das Öl wandert tatsächlich auf solchen Klüften.

Die Möglichkeit einer solchen Wanderung des Erdöls auf Klüften wurde und wird bis in die neueste Zeit bestritten. Dagegen wird eine andere Annahme meist stillschweigend für selbstverständlich gehalten: nämlich, daß das Erdöl innerhalb einer Sandschicht seitlich beliebig weit, jedenfalls viele Kilometer weit, wandern könnte.

Innerhalb einer Schicht nimmt das Gas die höchsten Stellen ein, dann folgt das Öl, dann das Wasser (Abb. 9). Diese Anordnung entsprechend der Schwere (dem spezifischen Gewicht) setzt voraus, daß Gas, Öl und Wasser innerhalb der Schicht wandern und Platz tauschen konnten. Diese Wanderfähigkeit ist auch direkt nachweisbar: wenn durch unsere Bohrungen aus der Ölzone einer Schicht Erdöl entzogen wird, dann rückt meistens die Grenze zwischen Öl und Wasser in der Schicht allmählich immer höher hinauf; Öl rückt gegen die fördernden Bohrungen, und das Wasser rückt dem Öl nach. Wenn die Bohrungen nur aus der Ölzone fördern, und der Gaszone (den höchsten Teilen der Schicht) kein Gas entzogen wird, dann dehnt sich oft auch das Gas allmählich in den Raum der Ölzone aus; auch das Gas rückt also dem Öl nach. In stark erschöpfte Ölfelder führt man oft Luft oder Erdgas, seltener Wasser, in die ölführende Schicht ein; die Gase oder das Wasser treiben dann einen Teil des in der Schicht befindlichen Öls vor sich her zu den fördernden Bohrungen. — Durch diese Beobachtungen ist bewiesen, daß die Flüssigkeiten und Gase auch innerhalb der Schichten zu wandern vermögen.

Es fragt sich nun, welches Ausmaß diese Wanderungen

annehmen können. Es wurden oft Wanderungen über 20, 30, ja über 100 und mehr Kilometer angegeben. Gegen so weite Wanderungen lassen sich viele Einwendungen machen. Zunächst sind die Sandschichten meist nicht auf sehr große Entfernungen einheitlich, sondern es sind meist langgestreckte, einander ablösende Linsen. Aber schon eine Trennung durch ein paar Millimeter Ton genügt, um die Wanderung des Öls aufzuhalten; dies ist im Erdölbergwerk Pechelbronn von Dir. SCHNEIDERS beobachtet worden. Eine solche Zwischenschicht könnte nur auf Klüften durchwandert werden. Auch sind Sandschichten durch schräge Lagen (Diagonalschichtung, Kreuzschichtung) unterteilt. Sehr häufig wechselt auch die Korngrößen-Zusammensetzung der Sande; die Sande werden streckenweise tonig. In einem tonigen Sand sind aber die Zwischenräume zwischen den Sandkörnern von Ton erfüllt; für die Wanderung von Flüssigkeiten und Gasen bleiben also nur die winzigen Zwischenräume zwischen den Tonteilchen übrig. *In bezug auf diese Wanderungen verhält sich ein Gestein so wie seine Füllmasse, ein toniger Sand also wie Ton.*

Unser erster Einwand gegen sehr weite Wanderungen von Flüssigkeiten in Sanden heißt also: Die Sandschichten sind keine unendlich weit ausgedehnten zusammenhängenden Platten; die Zusammensetzung einer Sandschicht ändert sich meistens von Ort zu Ort.

Die Wanderung durch die *Poren* der Sande begegnet auch besonderen Schwierigkeiten. Der Querschnitt der Kanäle ändert sich andauernd und die Wände der Kanäle bestehen aus meist unregelmäßig gestalteten Sandkörnern; daher ist die Reibung groß. Eine Kluft von 0,1 mm Weite wird man nicht für besonders weit halten. Wenn wir aber einen Sand herstellen wollen, dessen Poren durchgehend nicht kleiner als 0,1 mm sein sollen, so darf der Sand keine nennenswerte Menge von Körnern unter 0,5 mm Durchmesser enthalten. Solche Sande, wenn sie überhaupt vorkommen, sind jedenfalls eine außerordentliche Seltenheit. Dabei würde es sich bei den Sanden um unregelmäßige Kanäle von 0,1 mm Durchmesser handeln, bei einer Kluft aber um einen seitlich sehr ausgedehnten plattigen Hohlraum von 0,1 mm Dicke. Die Reibung im Sand wäre dabei rechnungsgemäß immer noch an 100 mal größer als in der Kluft.

Die Durchlässigkeit des Sandes wird von den engen Stellen bedingt; in sehr kleinen Öffnungen nimmt auch die Zähigkeit der Flüssigkeit sehr rasch zu.

Bei Eintritt der Flüssigkeit aus den engen in die weiten Stellen fällt der Druck, und die Strömungsgeschwindigkeit verringert sich. In der Flüssigkeit gelöstes Gas kann sich hier leicht in der Form von Gasblasen ausscheiden und ansammeln. Solche Gasblasen bilden ein starkes Hindernis gegen die Wanderungen, weil sie die Poren versperren und nur als Ganzes weiter befördert werden; fällt der Druck, so dehnt sich die Gasblase aus, aber die Pore bleibt versperrt. Vor und hinter der Gasblase muß der Druck stark verschieden sein (es muß ein starkes Druckgefälle herrschen), um die Gasblase zu solchen Formveränderungen zu bringen, daß sie durch die engen Stellen durchgequetscht wird. Eigentlich ist ja nicht die Gasblase daran schuld, sondern die Flüssigkeit, deren Grenzfläche sich wie eine Haut aus Gummi verhält (Oberflächenspannung: mit etwas Geschicklichkeit kann man eine eingefettete Nähnadel auf der Oberfläche von Wasser schwimmen lassen). Wenn nun eine größere Menge von Gasblasen hintereinander da und dort die Poren sperrt, dann bedarf es eines sehr großen Druckunterschiedes, um die schichterfüllende Flüssigkeit in Fluß zu bringen; bei kleineren Druckgefällen werden sich nur die Gasblasen etwas verschieben und ihre Form ändern; sie werden sich in die Engstellen nach der Druckentlastung hin verlängern. Eine solche Druckentlastung liegt dort vor, wo durch eine Bohrung oder eine natürliche Kluft ein Teil der Flüssigkeiten und Gase auswandern kann.

Unser zweiter Einwand gegen die Möglichkeit sehr weiter Wanderungen von Flüssigkeiten in Sanden heißt also: Die äußere und innere Reibung (Zähigkeit der Flüssigkeit, Wirbelbildung, Gasblasensperre) ist in Sanden viel größer als in Klüften; die lichte Weite ist in Klüften sehr leicht größer als in Sanden; bei gleicher lichter Weite von Klüften und Sandporen ist der Widerstand in Klüften etwa 100 mal kleiner als in den Sandporen.

Diese beiden Einwände sind mehr oder weniger theoretischer Natur. Was sagt nun die direkte Beobachtung? Zunächst haben wir einige Beobachtungen, die direkt gegen eine weitgehende Wanderfähigkeit sprechen: die Grenzlinie zwischen Öl und Wasser sollte theoretisch in einer Ebene liegen; praktisch weicht sie in vielen Fällen mehr oder weniger davon ab. Ein Fall ist sogar bekannt (Ceptura, Rumänien), wo in einer Schicht das schwerere Wasser im höchsten Teil, das leichtere Öl aber auf der einen Seite der Falte etwas tiefer liegt. Wir konnten zeigen, daß die Stelle, wo heute das Öl liegt, ursprünglich der höchste Teil der Schicht war, und erst bei späteren Faltungsvorgängen in seine heutige etwas tiefere Lage kam; Öl und Wasser haben bei dieser Faltung, und bis heute, ihren Platz nicht (oder nicht wesentlich) geändert; die seither abgelaufene Zeit beträgt wohl eine Million Jahre.

Man kann gegen diese Beispiele einwenden, daß sie genau genommen die Möglichkeit sehr langsamer Wanderungen nicht ausschließen. Und es mag im Zusammenhang damit gleich gesagt werden, daß Anzeichen für weite Wanderungen innerhalb einer Schicht dort am häufigsten und einleuchtendsten sind, wo es sich um sehr alte Schichten handelt. Offenbar gibt es immer wieder Umstände, die eine Wanderung über kleine Strecken wieder und wieder ermöglichen: Erderschütterungen bei Faltungen oder vulkanischen Ereignissen in der Nachbarschaft oder in der Tiefe; Änderungen der Temperatur, die Änderungen in der Zähigkeit der Flüssigkeiten und der Spannung der Gase bedingen; leichte Änderungen der Lage (Schrägstellungen) großer Schollen bei ungleichmäßiger Belastung (Ablagerung), Entlastung (Abtragung), oder bei der Verschiebung feurigflüssiger Massen in der Tiefe usw.

Auch in Schichten mit besonders großen Hohlräumen (z. B. löcherigen Kalken) scheinen weite Wanderungen vorzukommen.

Soll aber eine Wanderung innerhalb einer Schicht über

größere Erstreckung stattgefunden haben, so müssen innerhalb dieser Schicht alle örtlichen Erhebungen sich mit Gas oder Öl (oder beiden) gefüllt haben. Dabei muß man allerdings berücksichtigen, ob solche Aufwölbungen vielleicht erst nach der Wanderung der Flüssigkeiten gebildet sein könnten, oder ob sie ihren Gehalt an Öl oder Gas seither verloren haben könnten. — Andererseits ist eine derartige Erfüllung aller Aufwölbungen auch noch kein unzweideutiger Beweis; denn wenn an den Stellen solcher Aufwölbungen jedesmal eine stockartige Einwanderung von Öl von unten nach oben erfolgt (und das ist in stärker gefalteten reichen Ölgebieten der Fall), dann werden natürlich ebenfalls alle großporigen Schichten innerhalb dieser stockartigen Zone von Öl getränkt. In verschiedenen Vorkommen reichen aber die Ölstockwerke meist verschieden hoch hinauf. Wenigstens in den oberen Schichten pflegt also die Ölverteilung unregelmäßig zu sein. Das spricht stets gegen eine Einwanderung von der Seite, denn da müßten alle Aufwölbungen unterschiedslos Öl gefangen haben, so auch alle Detailsättel der Deckfalten (siehe Abb. 12 d). Wir haben aber schon erwähnt, daß die Ölverteilung im großen von den Detailsätteln gänzlich unabhängig ist.

Die meisten Sande enthalten da oder dort tonige Einlagerungen; alle Sande werden über- und unterlagert von Tonen, Kalken und dergleichen. Aus den Sanden kann das Öl von nachdringendem Wasser ausgewaschen werden; dabei bewegt sich aber das Öl in den großporigen Sandpartien, und eilt an den kleinporigen Sandpartien um so mehr vorbei, je kleiner die Poren sind und je schneller die Bewegung ist. Daher wird beim Vorrücken des Randwassers in den Ölfeldern das Öl in den feinkörnigeren Teilen der Sande überholt und abgeschnürt („gefangen", engl. trapped). Bei sehr langsamer Bewegung könnte vielleicht doch alles Öl aus den Sanden ausgetrieben werden, ebenso aus Klüften, nicht aber aus den Poren von Ton oder dichtem Kalk. Ein ursprünglich ölgetränkter, heute ausgewaschener Sand müßte seine ehemalige Öltränkung also dadurch verraten, daß die angelagerten und eingelagerten Tone und Kalke wenigstens in der unmittelbaren Berührungszone etwas Bitumen festgehalten haben. Etwas Derartiges ist in größerer Entfernung von den Öllagerstätten bisher nicht festgestellt worden.

Die Frage, ob sehr weite seitliche Wanderungen von Öl innerhalb einer Schicht möglich sind, ist heute noch nicht mit Sicherheit allgemein zu beantworten. In vielen Gegenden spricht die Regellosigkeit des Ölvorkommens innerhalb einer bestimmten Schicht entschieden dagegen. (In Deutschland z. B. führen die meisten Schichten nur an dem einen oder anderen der über 100 Salzstöcke Öl.) Je tiefer die Schichten liegen (d. h. je näher sie dem ölliefernden Muttergestein sind), desto regelmäßiger ist allerdings die Ölführung. Auch ist die Ölführung in reichen Lagerstätten regelmäßiger als in armen. Immer aber findet man, auch beim Vergleich der Ölführung tiefer Schichten und auch beim Vergleich reicher Lagerstätten, Unregelmäßigkeiten im Auftreten des Erdöls. Kennzeichnenderweise sind diese Unregelmäßigkeiten dort am stärksten ausgeprägt, wo die gebirgsbildende Kraft nur schwach wirkte. An solchen Stellen erhielt eben auch das Erdöl nur einen schwachen Antrieb zur Wanderung.

Ich halte weite seitliche Wanderungen in stärker gefalteten Schichten im allgemeinen für unwahrscheinlich. Dagegen scheinen solche weiten seitlichen Wanderungen in den flachgelagerten alten Schichten der Vereinigten Staaten, und z. B. im Asmarikalk von Persien-Mesopotamien, vorzukommen. Jedenfalls steht der Schwierigkeit der Wanderung in Sanden, die Leichtigkeit der Wanderung in Klüften gegenüber; der großen Länge solcher Schichtwanderungen steht stets gegenüber die viel geringere Entfernung bei den Kluftwanderungen von unten nach oben; denn was wir an Wanderungen in lotrechter Richtung nachweisen können, beträgt höchstens 5 km. Viel mehr kann es schon deswegen nicht sein, weil bestimmte charakteristische Stoffe der Erdöle schon bei jenen Temperaturen zerstört würden, die in 7 bis 10 km Tiefe herrschen.

3. Die Ablagerungsbedingungen der Gesteinsschichten.

Nun haben wir gesehen, daß Gas, Öl und Wasser wandern können, und daß in den Erdöllagerstätten solche Wanderungen gelegentlich direkt nachweisbar sind. Was für Kennzeichen haben wir nun dafür, ob Erdöl oder anderes Bitumen in irgendeiner Schicht entstanden ist, oder ob es erst später eingewandert ist?

Abb. 21. Gehobenes Kalkalgenriff der Kawelabucht auf der Insel Oahu, Hawaii. Das Riff ist tot, der Riffkalk ist siebartig durchlöchert und enthält keine Spur von organischen Stoffen. Leica-Aufnahme 1933.

Wir finden in einer Schicht Erdöl; wir wollen nun zunächst einmal annehmen, das Öl sei in dieser Schicht entstanden. Dann müssen wir auch annehmen, daß die Bildungsverhältnisse dieser Schicht günstig für die Bildung von Erdöl sind. Die Bildungsverhältnisse einer Schicht können wir einerseits am Gestein selbst, andererseits an den eingeschlossenen Versteinerungen erkennen.

Je näher wir uns an die Hauptfragen herantasten, desto weiter müssen wir ausholen, um unsere Erklärungen zu unterbauen. Dem Leser mag es zunächst scheinen, als ob wir uns von unserem Problem entfernten. Aber schließlich liefern alle diese scheinbar weither geholten Beobachtungen erst den Grund, auf den wir unsere Schlußfolgerungen aufbauen. Gerade weil es notwendig ist, diese Beobachtungen von vielen, dem Geologen recht entlegenen, Nachbarwissenschaften zu holen: gerade deshalb ist man in der Entstehungsfrage des Erdöls lange Zeit wenig weitergekommen. — Hier wollen wir zunächst zeigen, was wir aus den Ablagerungen ablesen können, und wie wir zu unseren diesbezüglichen Schlußfolgerungen kommen.

Wir untersuchen also die fragliche erdölführende Schicht näher, zunächst auf ihre Gesteinszusammensetzung. Zunächst

Abb. 22. Anhäufung zerbrochener und ganzer Schalen ohne Spur organischer Stoffe. Cape d'Aguilar, Insel Hongkong, 1931. Bleistift als Maßstab.

sehen wir, ob es sich um Ausscheidungen von gelösten Stoffen, oder um Ablagerung von im Wasser schwebenden Teilchen handelt. Unter den Ausscheidungen geben uns jene, welche durch Eindampfen entstehen (Salz, Gips), die Anzeichen eines trockenen, warmen (Wüsten-) Klimas. Kalke, Dolomite und Kieselgesteine dagegen sind meist durch Lebewesen ausgeschieden worden. Bei den Kalken und Dolomiten handelt es sich meist um Korallenriffe und Kalkalgenriffe (Abb. 21, 22), wie wir sie heute aus der Südsee, versteinert in den Kalkalpen, kennen; oder um Ablagerungen von Schalen, z. B. von Foraminiferen, von Muschelschalen und anderen Resten, und dem durch ihre Zerreibung entstandenen Sand und Schlamm, wie wir solche z. B. im Muschelkalk finden usw. Bei den Kieselgesteinen handelt es sich meist um Schalen von Kieselalgen (Diatomeen), wie z. B. bei der Kieselgur, oder um Schalen von Radiolarien („Strahlentierchen", wie sie Haeckel in seinen „Kunstformen der Natur" in wunderbaren Abbildungen zeigt), wie z. B. im Kieselschiefer des Harz.

Aus der Art der Versteinerungen und ihrem Auftreten können wir nun wieder auf das Klima zurückschließen, — aber mit Vorsicht! Wir finden heute Korallenriffe nur bei Wassertemperaturen über 20°, und infolgedessen nur in den Tropen. In der Vorzeit reichte aber eine Wassertemperatur von 20° sicher viel weiter gegen die Pole (denn wir leben heute in einer außergewöhnlich kalten Zeit, genau genommen in einer „Eiszeit", denn die Pole und weite Landmassen sind vergletschert). Auch wissen wir nicht, ob die andersartigen Korallen der Vorzeit auch dieselbe Wärme brauchten wie unsere heutigen Riffkorallen; wir kennen auch heute Korallengattungen, deren Arten um so größer sind, je kühler das Wasser ist. Wenn wir aber in einem Gestein nur solche Muschelgattungen finden, die heute in den Tropen leben, dann dürfen wir das Gestein wohl als eine Ablagerung warmen Wassers bezeichnen (es muß aber keineswegs in den damaligen „Tropen", d.h. zwischen dem $23^1/_2$° nördlicher und südlicher Breite, gebildet worden sein; ebensowenig müssen vorzeitliche Wüstenablagerungen in ihrer geographischen Lage dem heutigen Wüstengürtel entsprochen haben).

Bei den Ablagerungsgesteinen interessiert uns zunächst der Mineralbestand. Unter bestimmten Bedingungen von Wärme, Feuchtigkeit usw. wird auf der Erdoberfläche Kalk, Kieselsäure, Eisen usw. gelöst und fortgeführt. Wird dann das verbleibende zersetzte Gestein (der „Zersatz") vom Wasser mitgenommen und wieder abgelagert, dann zeigt die Ablagerung eine Anreicherung (verhältnismäßig hohen Gehalt) an solchen Mineralen, die dieser Zersetzung widerstehen konnten, während andere verschwunden sind, wieder andere kennzeichnende Zersetzungserscheinungen zeigen. So z. B. wird der schwarze Glimmer (Biotit) durch Eisenentzug gebleicht; die Feldspate verlieren mit der Kieselsäure den kristallischen Aufbau, usw. Nach oben geht der Zersatz in den Boden über, in dem sich wiederum andere Stoffe anreichern können (Kali, Jod u. a.). In warmem, feuchtem Klima sind die Böden oft durch Eisen rot gefärbt: die Roterden und Rotlehme, die z. B. Südostasien kennzeichnen. Flüsse, die aus einem solchen Gebiet kommen (z. B. der Song Koi = „Roter Fluß“ in Indochina) sind rotgefärbt. Solche rotgefärbten Ablagerungen haben wir z. B. im Rotliegenden, im Bundsandstein (Helgoland: „Rood is de Kant“), Keuper usw.

Der *Mineralbestand* der Ablagerungsgesteine klärt uns also über die *Verwitterung* auf dem zugehörigen Festland auf; von der Verwitterung aber können wir auf das *Klima* schließen.

Neubildungen im Gestein können auf sauerstoffhaltiges (z. B. bei Glaukonit, grünem kieselsaurem Kali-Eisen) oder auf sauerstoffloses Bodenwasser (z. B. bei Schwefelkies) deuten.

Die *Korngröße* gibt einen Anhaltspunkt für die Schnelligkeit der Wasserbewegung. Ein Wildbach rollt *Blöcke*, ein ruhigfließender Strom, wie Rhein oder Elbe an ihren Mündungen, trägt nur mehr *Tontrübe*. Ebbe- und Flutstrom können, besonders in engen Rinnen, große Geschwindigkeit haben und grobe Sandkörner bewegen. Dabei können am Meeresboden Rinnen, Täler und Löcher ausgewaschen, und abgelagertes Material umgelagert werden.

Die Zusammensetzung aus *verschiedenartigen* und *verschiedengroßen* Körnern läßt ebenfalls Schlüsse auf die Ablagerung zu. Bei Bewegung durch Eis oder Schwerkraft, also bei Ablagerungen von Gletschern, Gehängerutsch, Schuttströmen und Wildbächen gibt es keine Sonderung, alle Größenklassen finden sich durcheinander. Wasser und Wind aber sondern nach Korngröße und spezifischem Gewicht. Körner irgendeiner Größe wiegen dann vor, die anderen Größenklassen treten zurück. Das ist besonders bei windgeblasenen Dünensanden, oder den von Ebbe und Flut wieder und wieder umgelagerten Küstensanden der Fall; ferner auch bei den Ablagerungen sehr langsam fließenden Wassers, oder weither kommender Ströme: in beiden Fällen wird nur mehr feines Material mitgeführt.

Die *Korngestalt* sagt uns etwas über die Länge des Transportweges. Vollkommen *gerundete* Körner müssen, wenn sie aus hartem Material bestehen (z. B. Quarz), über eine lange Strecke oder während langer Zeit (z. B. in der

Brandung oder im Bereich von Ebbe und Flut) bewegt und aneinander abgerieben worden sein. Scharfeckige Körner können keinen langen Transport in Wasser hinter sich haben. Auch der Windtransport rundet, schleift aber noch viel mehr in größere Steine Flächen (Windkanten), Grübchen usw. Gletschertransport dagegen rundet nicht, aber das Material wird zerkratzt, wenn ein Stück am andern scheuert (in den Moränen haben wir meist Fluß- und Gletscherablagerungen vor uns).

Auch aus der Schichtung können wir vieles über die Ablagerungsbedingungen herauslesen. In ruhigem Wasser legt sich Schicht auf Schicht parallel. Die Ablagerungsbedingungen können sich mit der Jahreszeit (z. B. viel Wasser und viel Ablagerung im Frühjahr, viel organische Stoffe im Herbst, wenig Sauerstoff unter dem Eis im Winter), oder gelegentlich (z. B. nach starkem Regen), ändern. Diese Änderungen spiegeln sich in der Art des abgelagerten Materials, also in einem mehr oder weniger regelmäßig wiederkehrenden Wechsel der Schichten, wieder. Unter stark bewegtem Wasser wird der Sand zu großen oder kleinen Wellen (Rippeln) zusammengetrieben; ähnlich treibt der Wind den Sand zu Dünen zusammen. Eine solche Sandablagerung zeigt eine Schichtung, die bald schräg nach oben, bald schräg nach unten läuft, wie eben die Begrenzung der Rippeln oder Dünen verlief, ehe sich neuer Sand darüberlegte; man nennt das „Kreuzschichtung", obwohl die Schichten einander natürlich nicht „kreuzen" (Abb. 5, S. 11). Gerinne in weichen, jungen Ablagerungen werden von starken Strömungen leicht andauernd seitlich verlegt (z. B. in den Rinnen des Wattenmeeres); an der einen Seite der Rinne (des „Priels") wird dabei Material weggenommen, auf der anderen Seite wird Material auf den schrägen Hang der Rinne aufgelagert. Dabei entsteht eine Schichtung, die schräg zum Untergrund (also nicht waagerecht) verläuft; dabei liegen aber viele Schichten parallel übereinander (nicht wie bei der Kreuzschichtung, bei der die Schichten verschieden laufen); man nennt diese — z. B. durch Prielwanderung entstandene — Schichtung Diagonalschichtung (Abb. 4, S. 10).

Art der Ablagerung und Zusammensetzung des Gesteins verraten uns also einiges über die Ablagerungsbedingungen, Strömungen, über das Klima usw. Zu weiteren Schlüssen verhelfen uns die Reste der Lebewesen (Versteinerungen), die wir in den Schichten eingeschlossen finden.

Wir haben schon oben, bei den Kalkriffen, erwähnt, daß wir aus den Lebewesen z. B. auf die Wassertemperatur Schlüsse ziehen können. Ferner können wir mit Hilfe der Versteinerungen Ablagerungen des Meeres, des Süßwassers, und vermischten Wassers (Brackwassers) unterscheiden. Ganze große Tiergruppen kommen nur im Meere vor (Radiolarien, Korallen, Stachelhäuter, Kopffüßler); von den Pflanzen finden sich viele Gruppen von Algen nur im Meere (fast alle Rotalgen und Braunalgen). Andere große Tiergruppen und Pflanzengruppen fehlen dem Meere, so fast alle Insekten, die meisten Lungenschnecken, die Klasse der Konjugaten unter den Jochalgen usw. Nur im Süßwasser leben z. B. die Verwandten unserer Flußperlmuschel, der Posthornschnecke, die meisten im Wasser lebenden Blütenpflanzen (die wichtigste Ausnahme hiervon sind das Seegras und seine Verwandten, die im salzigen Wasser leben). In vielen Tier- und Pflanzengruppen findet man sowohl Formen, die im Meerwasser vorkommen, als auch Formen, die im Süßwasser leben. So finden sich die meisten Formen von Foraminiferen im Meerwasser; im Brackwasser der Flußmündungen kommen zwar oft eine ungeheure Menge von Foraminiferen vor, diese gehören aber nur zu wenigen Arten; nur ganz wenige Arten leben im Süßwasser. Bei manchen Formen kann man dabei beobachten, daß sie im Meerwasser eine dicke Kalkschale haben, im Brackwasser eine dünne Kalkschale, und im stark ausgesüßten Wasser nur mehr chitinöse (hornartige) Schalen. Die Tier- und Pflanzenformen, die Meerwasser, Brackwasser und Süßwasser bewohnen, sind meist auch dann verschieden, wenn sie zu einer und derselben Gattung gehören, z. B. Schnäpel, Maränen und Felchen; oft sind die Unterschiede aber derart, daß sie nur der Fachmann erkennt. — Seen von salzigem Wasser können auch durch Eindampfen von Flußwasser entstehen; solches Seewasser hat dann einen eigentümlichen Salzgehalt, der von dem des Meerwassers (und verdünnten Meerwassers) verschieden ist; solche Seen haben dann auch eine eigentümliche charakteristische Lebewelt (z. B. heute der Kaspi, in der geologischen Vergangenheit [Unterpliozän] das Wiener Becken, Ungarn, Rumänien, Südrußland).

Noch einen weiteren wichtigen Zustand des Lebensraumes können wir aus dem Gestein und den Versteinerungen erkennen: das ist der Sauerstoffgehalt des Wassers, in dem die betreffenden Schichten abgelagert wurden. – Alle Tiere, und mit Ausnahme mancher Bakterien auch alle Pflanzen, brauchen Sauerstoff zur Atmung. Wenn nun im Wasser kein Sauerstoff vorhanden ist, dann leben auch keine Tiere und keine höheren Pflanzen darin; wir finden dann in den Ablagerungen keine Versteinerungen. Wenn aber nur das Wasser über dem Boden keinen Sauerstoff enthält (ein häufiger Fall), dann gibt es zwar am Boden keine höheren Lebensformen, wohl aber in den höheren, sauerstoffhaltigen Wasserschichten. Die Reste der Tiere und Pflanzen der höheren Wasserschichten sinken nach dem Tode zu Boden. Wir erhalten Ablagerungen, in denen es keine Versteinerungen von festsitzenden oder sonst am Boden lebenden Tieren und Pflanzen gibt, wohl aber Reste von schwimmenden und treibenden Lebewesen. –

Wo Tiere am Boden leben, dort fressen sie die organischen Substanzen aus den oberflächlichen Ablagerungen und reinigen die Ablagerungen auf diese Weise. Wo Tiere am Boden leben können, muß aber das Wasser sauerstoffhaltig sein; in sauerstoffhaltigem Wasserr aber verwesen die organischen Stoffe, d. h., sie verbinden sich mit Sauerstoff zu Kohlensäure, Wasser usw. und verschwinden so aus den Ablagerungen. Nur die mineralischen Skelete aus Kalk, Kiesel usw. bleiben übrig. Die Ablagerungen in sauerstoffhaltigem Wasser werden also auf doppelte Weise von organischen Stoffen gereinigt; es bleiben daher nur mineralische Ablagerungen ohne organische Stoffe, oder mit nur ganz geringen Mengen organischer Stoffe. Diese geringen Mengen sind Reste, die den Fressern entgangen sind, und so rasch in der Ablagerung zugedeckt wurden, daß sie nicht Zeit hatten, vollständig zu verwesen. —

Wenn aber das Bodenwasser keinen Sauerstoff enthält, dann gibt es am Boden keine Tiere und keine Verwesung. Die aus den höheren Wasserschichten niedersinkenden Tier- und Pflanzenleichen werden nur durch Bakterien umgebildet, sie verfaulen. Diese Ablagerungen sind daher mehr oder weniger reich an organischen Stoffen; wie reich, darüber entscheidet das Verhältnis der angefrachteten Mengen organischer und mineralischer Stoffe. — In gleicher Weise verfaulen aber auch die organischen Reste, die in den Ablagerungen sauerstoffhaltigen Wassers eingeschlossen werden, ehe sie Zeit hatten zu verwesen; das ist besonders dort der Fall, wo viele organische Stoffe angeliefert werden, und wo der Sauerstoffgehalt des Wassers gering ist. Das kommt z. B. in Buchten und Tiefstellen der Gewässer vor, wo die Kraft der Strömungen nachläßt; dort sinken die mitgeführten Leichenteile nieder, und zehren bei ihrer Verwesung den Sauerstoffgehalt des Wassers teilweise auf. Da können dann nur noch wenige Tiere leben, die besonders an sauerstoffarmes Wasser angepaßt sind (ihr Blutfarbstoff nimmt Sauerstoff begieriger auf als unser Blut). An den Versteinerungen können wir solche Ablagerungen, die ebenfalls große Mengen organischer Stoffe enthalten können, deutlich von den Ablagerungen fauler Wasser unterscheiden.

Wir unterscheiden drei Ablagerungstypen:

1. die Ablagerungen sauerstoffreichen frischen Wassers, mit Versteinerungen von am Boden lebenden Tieren und Pflanzen. Diese Ablagerungen sind (ganz oder fast) frei von organischen Stoffen, es sind mineralische Ablagerungen.

2. In mehr oder weniger sauerstoffarmem, stillem Wasser bilden sich Ablagerungen, die außer Resten von schwimmenden und treibenden Lebewesen nur Reste von solchen Bodentieren enthalten, die besonders an Sauerstoffarmut angepaßt sind. Solche Ablagerungen können wenig oder viel organische Stoffe enthalten. Außer mineralischen Gerüststoffen finden wir besonders auch organische Gerüststoffe (Horn, Chitin, Pentosan usw.). Die Versteinerungen sind oft pracht-

voll mit versteinerten Weichteilen und in vollem Zusammenhang erhalten. — Eine solche Ablagerung nennen wir mit einem schwedischen Wort Gyttja.

3. Die Ablagerungen faulen Wassers enthalten kein Bodenleben, außer Bakterien. Die Reste schwimmender oder treibender Lebewesen sind von Bakterien zersetzt worden, die einzelnen Skeletteile daher oft ohne Zusammenhang, die organischen Stoffe ohne Gewebestruktur. Die Ablagerungen enthalten wenig oder viel organische Stoffe. Solche Ablagerungen nennen wir Faulschlamme oder Sapropele (sapros = faul, pelos = Schlamm).

Außer Wärme, Wasserbewegung, Salzgehalt und Sauerstoffgehalt des Wassers gibt es noch einen sehr bedeutsamen Faktor für das Leben von Tieren und Pflanzen: die Nahrung. Nur Pflanzen können aus den Stoffen der unbelebten Natur, der Hauptmenge nach aus Wasser und Luft (Kohlensäure), ihren Körper aufbauen. Darum stammt alle organische Substanz letzthin von diesen „autotrophen" (sich selbst ernährenden) Pflanzen. Zu dieser Verwandlung von Kohlensäure und Wasser in organische Stoffe braucht die Pflanze aber Licht; darum finden sich solche Pflanzen in größeren Mengen nur in den obersten 100 Metern des Wassers. Sie finden sich um so tiefer, je klarer das Wasser ist; bei 200 m Wassertiefe ist aber praktisch vollständige Nacht, wenn auch geringste Lichtspuren noch bis gegen 400 m reichen. — So ganz nur mit Wasser und Luft kommen aber diese Pflanzen nicht aus. Wir wissen ja vom Getreide, daß wir z. B. Kali, Stickstoff und Phosphor als Dünger zugeben müssen, wenn der Boden ertragfähig bleiben soll. So steht es auch mit den Pflanzen, die im Wasser leben; ihr Wachsen und Gedeihen ist abhängig vom Stickstoff- (= Nitrat-) Gehalt und Phosphatgehalt des Meerwassers. Viele Pflanzen brauchen für ihre Skelete mineralische Stoffe, z. B. Kalk oder Kieselsäure. Endlich gibt es Stoffe, die zwar nur in winzigen Mengen gebraucht werden, aber in diesen winzigen Mengen für das Leben ebenso wichtig sind wie etwa Phosphor und Stickstoff; dazu gehören z. B. Eisen, Zink, Kupfer, Molybdän usw.

Alle diese Stoffe werden dem Meere zunächst aus den Verwitterungs- und Abtragungsstoffen des Festlandes zugeführt. Daher finden wir die reichsten Vorkommen solcher Meerespflanzen an den Küsten, in Binnenmeeren, oder in Strömungen, die festländische Stoffe mit sich führen. Auch das Tiefenwasser des Meeres ist reich an Phosphaten und Nitraten, da hier mit dem Licht auch das Pflanzenleben fehlt, das diese Stoffe verbrauchen würde. Wo also Tiefenwasser an die Oberfläche aufquillt, sind oft die Bedingungen für reiches Pflanzenleben gegeben; das ist z. B. dort der Fall, wo die Winde dauernd so wehen, daß das Wasser vom Lande weggetrieben wird; als Ersatz steigt dann Tiefenwasser auf. (Die Richtung der erzeugten Meeresströmung weicht von der Windrichtung wegen der Erddrehung beträchtlich ab, an der atlantischen Küste Afrikas z. B. im Mittel um 90°.)

Der Nahrungsreichtum des Küstenwassers wird oft genug direkt sichtbar. In Küstennähe ist das Wasser meist grün, im freien Meer blau. Die Grünfärbung ist bedingt durch zahlreiche grüne Algen. „Blau ist die Wüstenfarbe des Meeres" (SCHÜTT).

Von den autotrophen (von anorganischen Stoffen lebenden) Pflanzen hängt das Leben der Tiere ab. Im seichten Wasser der Küste (und ganz besonders in flachen Buchten oder Seen) spielen bei der Ersterzeugung der organischen Stoffe auch bodenfeste Pflanzen eine große Rolle. Im Meer aber, und selbst in großen, tiefen Seen, ist der pflanzenbewachsene Küstenstreifen so schmal im Verhältnis zur Gesamtfläche, daß für die Ersterzeugung organischer Stoffe nur die Schwebepflanzen von Bedeutung sind. Von den schwebenden Pflanzen der lichtdurchfluteten Oberflächenschicht des Wassers nähren sich zunächst zahllose schwebende und schwimmende Tierchen, von diesen wieder andere Tiere usw. Die Zone reichsten Lebens im Meere liegt der Oberfläche ziemlich nahe. Die Reste dieser Lebewesen aber sinken nach dem Tode ab und bilden die Nahrung von Tieren, die in tieferem Wasser leben, und die ihrerseits wieder anderen Tieren zur Beute dienen. Das geht so weiter bis zum Meeresgrund, vorausgesetzt, daß das Wasser genügend Sauerstoff besitzt. Am

Meeresboden sitzen und kriechen Tiere, die solche lebenden und toten organischen Teilchen aus dem Wasser fischen (viele Muscheln und Würmer leben so). Andere Tiere fressen einfach den Schlamm, verdauen die organischen Stoffe und scheiden den Ton und Sand wieder aus.

Die Lebewelt der oberflächennahen Zone des Meeres zeichnet sich großenteils dadurch aus, daß sie zum Schweben im Wasser eingerichtet ist. Entweder ist das Gewicht dieser Lebewesen gleich dem Gewicht einer gleich großen Raummenge Wassers; oder aber, die Formen entwickeln Skelete mit langen und komplizierten Stacheln oder anderen Fortsätzen, die durch die vermehrte Reibung eine Art Fallschirmwirkung ergeben, wie etwa bei den Flugsamen des Löwenzahns.

Soweit das Licht und damit die autotrophe Pflanzenwelt reicht, soweit finden wir auch Pflanzenfresser. Unterhalb dieser Zone finden wir dann nur noch Tiere, die Leichen oder Fleisch fressen. Die bodenbewohnenden Tiere, welche organisches Zerreibsel fischen oder Schlamm fressen, finden sich meist in weniger tiefem Wasser und nahe der Küste, weil nur da viel Zerreibsel im Wasser, und verhältnismäßig viel organische Substanz im Schlamm sich findet. Im Schlamm selbst enthält nur die braune Oberflächenzone der Gyttjen verdauliche Stoffe; die schwarze Tiefenzone der Gyttjen und die Faulschlamme enthalten praktisch keine Stoffe, die für Tiere verdaulich sind.

Es ist schwierig, von den versteinerten Resten auf Licht, Tiefe und Nahrung rückzuschließen. Was wir an Resten von Schwebewesen (Plankton) finden, ist meist von weither zusammengeschwemmt. Einen direkten Einfluß der Wassertiefe auf Lebewesen und Ablagerung können wir nur sehr selten feststellen, z. B. wenn Tiefseetiere gefunden werden. Der Einfluß großer Wassertiefe äußert sich meist derart, daß wir Ablagerungen ruhigen Wassers mit Lebewesen einer lichtlosen Zone finden. Die Ablagerungen stiller Buchten mit trübem Wasser erscheinen daher oft ganz ähnlich ausgebildet. Die „biologischen Tiefenzonen" liegen daher an verschiedenen Stellen in verschiedener Tiefe; am tiefsten im freien, klaren Wasser, am wenigsten tief in geschützten Buchten mit

Schlammwasser (HERMANN SCHMIDT). — Wir leben heute in einer Zeit, wo die Tiefsee durch die kalten Polarströme gelüftet wird; in normalen Zeiten, wo die Pole keine Eiskappen trugen, muß das Leben der Tiefsee sehr viel anders ausgesehen haben als heute (daher der ungeschlichtete Streit über das Vorhandensein von Tiefseeablagerungen unter den Schichten der geologischen Vorzeit). — Immerhin können wir einiges sagen: Korallenriffe, in denen unzählige Tierchen Beute fischen, können ihre Lebenszone nur in bewegtem lebensreichem Wasser haben, also in einer oberflächennahen Zone des Wassers. — Wo sich ganz vorwiegend Reste fleischfressender Schnecken finden, sind wir schon unterhalb der Zone der autotrophen (von anorganischer Substanz lebenden) Pflanzen, also etwa in einer Wassertiefe von 200 m oder tiefer (dahin gehört etwa der Badener Tegel im Wiener Becken). — Wo wir Tiefseefische mit riesigen Mäulern und Leuchtorganen finden, sind wir im Gebiet der ewigen Nacht des Meeres, also wohl bei 400 m oder tiefer (karpathische Fischschiefer) usw.

4. Beziehungen zwischen Ablagerungsbedingungen und Erdölführung der Gesteinsschichten.

Ursprünglicher Mineralgehalt, Korngröße und Korngestalt, Schichtung der Ablagerungen, Neubildung von Mineralen (Schwefeleisen, Glaukonit), die Lebewelt und ihre Erhaltung: aus alle dem können wir Schlüsse ziehen auf die Art des Gewässers, die Wasserbewegung, den Gehalt an Salzen, an Sauerstoff, die Wärme, Durchleuchtung, Tiefe des Wassers, usw. Finden wir nun in einem Gestein Erdöl, so versuchen wir es zunächst mit der Annahme, daß alle die am Gestein ablesbaren Bedingungen für die Erdölbildung günstig seien. Dann gehen wir einen Schritt weiter und untersuchen, ob überall dort, wo wir dieselben Bedingungen wiederfinden, auch Erdöl vorkommt; oder, wenn schon nicht gerade Erdöl, so doch Stoffe, aus denen sich Erdöl bilden kann, oder aber Stoffe, die sich aus Erdöl gebildet haben, oder Stoffe, die bei der Erdölbildung übrigbleiben (abfallen).

Wir machen uns die Sache zunächst möglichst einfach.

Wir sehen uns Gestein und Versteinerungen einer Schicht genau an, und suchen dann alle Stellen auf, wo *dieselbe* Schicht mit demselben Gestein und denselben Versteinerungen vorkommt. Wir suchen nun, wo diese Schicht als Sattel, als Salzstockflanke, oder an einer Seite einer Bruchscholle zu einer Höchstlage ansteigt; dort müßte sich dann Erdöl finden, wenn tatsächlich das Erdöl sich in der fraglichen Schicht gebildet hat, wenn also die an der Schicht beobachteten Bedingungen jene sind, bei denen sich Erdöl bildet.

Machen wir diesen Versuch, so sehen wir bald, daß die Sache nicht stimmt. In Deutschland z. B. gibt es mehr als 100 Salzstöcke, an deren Flanken im wesentlichen dieselben Schichten aufgeschleppt sind. Aber nur an wenigen Salzstöcken finden wir Erdöl, und auch an diesen nicht überall in denselben Schichten. Es wird wohl noch an einigen weiteren Salzstöcken Öl gefunden werden, aber viele sind schon untersucht worden, ohne daß Öl gefunden worden wäre.

Wir verfolgen also eine bestimmte geologische Schicht, die Ablagerung einer bestimmten geologischen Zeit; wir stellen fest, daß die Gesteinsausbildung dieser Schicht gleichbleibt; wir stellen fest, daß auch der Gehalt an Versteinerungen gleichbleibt; und trotzdem hat die Schicht in der einen Aufwölbung (Sattel, Salzstockflanke usw.) Erdöl, in der anderen nicht. In einem Ölfeld führt die eine Schicht Öl, in einem anderen Ölfeld nicht. So führt z. B. an den Salzstöcken von Ochiuri und Moreni in Rumänien das obere Pliozän Erdöl, in den benachbarten Antiklinen von Ariceşti und Bucşani aber nicht, dagegen findet sich an den weiter entfernten Salzstöcken von Floreşti und Baicoiu wieder Erdöl im oberen Pliozän, in der Antikline von Boldeşti wieder nicht, usw. Von den deutschen Erdölfeldern führt Wietze nutzbares Öl im Senon, Wealden und Rhät; Nienhagen im Valendis, Wealden, Macrocephalen-Dogger und Rhät; Ölheim im Rhät; und Oberg nur im *Polyplocus*-Dogger.

Wir sagen: das Erdöl ist unabhängig vom geologischen Horizont (=einer bestimmten Schicht); das Vorkommen von Erdöl ist regional unstetig.

Das stimmt aber nicht mit der Annahme, daß das Erdöl

in der betreffenden Schicht auch entstanden sei: denn dann müßten wir überall dort, wo dieselbe Schicht in derselben Ausbildung vorhanden ist, in entsprechenden Bauformen (Sätteln, Salzstockflanken usw.) auch tatsächlich Erdöl finden. Das ist aber nicht der Fall; wir finden vielmehr eine Schicht in gleichbleibender Ausbildung oft über ein weites Verbreitungsgebiet, aber nur an ganz wenigen Stellen führt diese Schicht Öl.

Nun gehen wir wieder einen Schritt weiter: wir stellen an einer erdölführenden Schicht die Gesteinsausbildung und den Versteinerungsinhalt fest; dann suchen wir *andere* Schichten gleicher Gesteinsausbildung und entsprechenden Versteinerungsinhaltes, und sehen, ob diese Schichten — wieder in günstiger Lage (Sattel usw.) — Erdöl führen.

Wir sagten eben „gleiche Gesteinsausbildung und entsprechender Versteinerungsinhalt". Der Geologe Salomon-Calvi hat einmal mit jener leichten Übertreibung, die für ein gutes Merkwort nötig ist, gesagt: „Seit der ältesten Erdgeschichte hat sich jedes Gestein zu jeder Zeit gebildet." Das stimmt im allgemeinen: Schotter, Sande, Tone, Kalk und Dolomit, Salz, Gips, Kohle usw. haben sich immer irgendwo auf der Erde gebildet. Wir können also gleiche Gesteinsausbildung bei gleichen Ablagerungsbedingungen zu jeder geologischen Zeit erwarten; denn die Gesteinsbildung wird in erster Linie von chemischen und physikalischen Ursachen bedingt: von der Fällung beim Zusammentreffen verschiedener Lösungen, von der Ausscheidung beim Eindampfen von Lösungen; von den Bedingungen des Transports in bewegtem Wasser, im Gletscher, im Wind usw. Die Gesetze der Physik und Chemie aber waren zu allen Zeiten dieselben, und sind heute dieselben im ganzen Kosmos bis in die fernsten Tiefen des Raumes, die uns die moderne Sternkunde kennen gelehrt hat.

Anders aber ist es mit den Lebewesen. Die Lebewelt ist in ständiger Entwicklung begriffen. Neue Tierformen entwickeln sich aus alten, alte Tierformen sterben aus. So sind in der Eiszeit der braune Bär und der heutige Mensch entstanden, der Höhlenbär und der Neandertalmensch aber ausgestorben. Das Aussterben vieler Tiere erleben wir gerade eben: das weiße Nashorn, der Alpensteinbock, der Wisent, die Riesenschildkröten usw. leben nur noch in wenigen Exemplaren. Seit den Zeiten des Nibelungenlieds sind in unserem Vaterland viele Tiere ausgestorben; einige, wie Wölfe, Bären, Luchse, leben noch in angrenzenden Ländern. — Auf seiner letzten Jagd erschlug Siegfried „einen Wisent und einen Elch, starker Ure viere und einen grimmen Schelch". — Der Elch hält sich noch, der Wisent ist am Aussterben, der Ur ist zu Beginn der Neuzeit (1627) ausgestorben, und vom Schelch weiß niemand mehr zu sagen, was er gewesen sein mag: das ausgestorbene Wildpferd, oder der ebenfalls ausgestorbene Riesenhirsch? Versunken und vergessen ...

Aber so ging es andauernd in der Erdgeschichte. Neues kommt, altes verfällt, verschwindet. Die Nachkommen sind vielfach höher entwickelt, bestimmten Bedingungen besser angepaßt als die Ahnen. Die heutigen Korallen bauen mit weniger Material, und darum wahrscheinlich auch schneller als die alten; sie können daher mit einem sinkenden Meeresboden eher Schritt halten, indem sie um soviel aufbauen, als der Boden unter ihnen sinkt. — Die ersten Vögel waren plumpe, ungeschlachte Wesen, verglichen etwa mit unseren Schwalben und Falken. Die Urmenschen hatten ein kleines Gehirn im Vergleich zu uns.

Diese Aufeinanderfolge verschiedener Tiere und Pflanzen ermöglicht uns die geschichtliche Anordnung der Ereignisse auf unserem Planeten. Die Art der Aufeinanderfolge ist an vielen Stellen festgestellt worden und dann weit, oft um den Erdball herum, verfolgt worden. Besonders im Meere mit seiner weltweiten Erstreckung gilt der Satz: gleiche Zeit und gleiche Umwelt (Klima), gleiche Lebewesen; verschiedene Zeiten verschiedene Lebewesen, auch im selben Klima.

Der Steinkohlenwald bestand vorwiegend aus Schachtelhalmen, Bärlappgewächsen, Farnen, und farnlaubigen Samenpflanzen; im Braunkohlenwald herrschten die Laub- und Nadelhölzer. An großen Landtieren finden wir im Altertum der Erde die Lurche, im Mittelalter der Erde die Kriechtiere, in der Neuzeit der Erde die Säugetiere. In der Luft finden wir zur Steinkohlenzeit riesige Insekten mit Flügelspannweiten bis zu $^1/_2$ und $^3/_4$ m; im Mittelalter der Erde erobern die Kriechtiere (Flugsaurier) die Luft; heute herrschen die Vögel, und auch Säugetiere (Fledermäuse) haben sich die Luft erobert usw.

Irgendein bestimmter Lebensraum wird also zu verschiedenen Zeiten der Erdgeschichte von verschiedenen Pflanzen oder Tieren eingenommen. Wir können aus den Organen (z. B. Flügel, Flossen, Füße, Hände) auf die Lebensweise der Tiere und Pflanzen schließen; wir können dann sagen: zu dieser Zeit bewohnt diese Lebewelt die Flüsse, oder die Wüsten, oder die Korallenriffe; sie entspricht also zu einer anderen Zeit, oder heute, dieser oder jener Lebensgemeinschaft, die zwar aus anderen Gattungen und Arten von Tieren und Pflanzen besteht, in ihren Lebensgewohnheiten aber der alten Lebensgemeinschaft entspricht.

Darum sprechen wir zwar von gleichem Gestein, aber nur von entsprechenden Versteinerungen.

Wir stellen also Gesteinsausbildung und Versteinerungsinhalt einer erdölführenden Schicht fest, und suchen nun *andere* Schichten gleicher Gesteinsausbildung und entsprechenden Versteinerungsinhaltes. Wir nehmen nun zunächst versuchsweise an, daß die Ablagerungs- und Lebensbedingungen der zuerst untersuchten erdölführenden Schicht günstig für die Entstehung von Erdöl seien. Dann müßten aber dieselben Bedingungen jederzeit, also auch in allen anderen

Schichten, günstig für Erdölbildung sein. Wir würden also erwarten, in Antiklinen usw. überall Erdöl dort zu finden, wo wir Schichten dieser Ausbildungsart finden. Wir müßten dann auch erwarten, daß wir in den heutigen Ablagerungen dieser Ausbildungsart die Urstoffe der Erdölbildung finden würden.

Wenn wir unsere Betrachtungen nun auf die nutzbaren Erdöllager beschränken, so treffen diese Annahmen meist wieder nicht zu. Ebensowenig, wie das Erdöl in einer bestimmten Schicht „horizontbeständig" (d. h. regelmäßig mit dem Auftreten der Schicht verknüpft) ist, ebensowenig ist es an eine bestimmte Ausbildungsart der Schichten gebunden. Wir erwähnten schon, daß Erdöl in Schichten jeglicher Ausbildungsart vorkommt: in Tonen, Sanden, Schottern, Kalk, Gips, Salz, Kohle, ja in den Magmagesteinen, Granit, Diabas, Serpentin, Basalt; in Ablagerungen normalen Meerwassers, Brackwassers, Süßwassers; in Ablagerungen hochgradig eingedampfter Salzseen, und wenig konzentrierter Salzwasser, die aus eingedampftem Flußwasser entstanden; in Ablagerungen des festen Landes; in Ablagerungen kalten, gemäßigten, tropischen Klimas; in Ablagerungen frischen, stillen und faulen Wassers; in Ablagerungen, die nur aus Resten versteinerter Lebewesen bestehen; in Ablagerungen, in denen nur Spuren, Fährten und Bauten von ehemals vorhandenem Leben erzählen; und in Ablagerungen, denen jegliches Anzeichen von Leben fehlt; usw. Es ist von vornherein unmöglich, daß alle diese Ablagerungen gleichermaßen günstig für die Erdölentstehung seien. Auch können wir beobachten, daß viele dieser Ablagerungen, wo sie sich heute bilden, nur geringste Spuren von Stoffen enthalten, aus denen sich Erdöl bilden könnte. Geringste Spuren aller Stoffe sind aber überall vorhanden; denn in der Natur gibt es keine vollkommen abgeschlossenen Räume.

Das Vorkommen des Erdöls ist also auch unabhängig von der Ausbildung einer Schicht, von Gestein und Versteinerungsinhalt, von Ablagerungs- und Lebensbedingungen. Für „Ausbildungsart" verwendet die Wissenschaft den Fachausdruck „Fazies"; wir sprechen daher von der faziellen Unabhängigkeit der Erdölvorkommen.

Diese Versuche, Zusammenhänge zwischen Erdölvorkommen und Ausbildung der ölführenden Schichten zu finden, waren also erfolglos. Dagegen hatte sich, wie wir gleich eingangs erzählten, ein praktisch sehr bedeutsamer Zusammenhang zwischen den geologischen Bauformen (Sätteln, Salzstöcken, Bruchschollen usw.) und den Erdölvorkommen herausgestellt. Dieser Zusammenhang beschränkt sich nicht darauf, daß das Erdöl stets in erhobener Schichtlage auftritt. Wir finden vielmehr auch, daß bei *stärkerer Beanspruchung* der Schichten die Erdölführung in *höhere* Schichten hinaufreicht als bei *schwacher* Beanspruchung der Schichten. So sind z. B. in den Sätteln (Antiklinen) die Schichten nur *gefaltet*, in den Salzstöcken aber von dem plastischen Salzkern *durchstoßen* und *zerrissen*. Dementsprechend findet sich z. B. in den rumänischen Sätteln von Bucsani, Aricesti, Boldesti das Erdöl nur im Unterpliozän, während an den Salzstöcken (und *nur* an den Salzstöcken) die Erdölführung bis ins Oberpliozän reicht. Dabei nimmt nach oben die Reichweite der Erdölführung ab, das Erdöl erstreckt sich in höheren Schichten weniger weit weg vom Faltenscheitel oder vom Salzstock. Der Paraffingehalt des Erdöls nimmt im allgemeinen nach oben ab; über den höchsten erdölführenden Schichten finden sich oft gasführende Schichten usw.

Das Vorkommen des Erdöls ist also von der *Art* und der *Stärke* der gebirgsbildenden Vorgänge abhängig. Innerhalb einer geologischen Bauform nimmt das Erdöl einen Raum ein, der kegelförmig begrenzt ist, und quer durch die Schichten durchgreift. Dabei ist es gleichgültig, ob diese Schichten direkt aufeinanderfolgen, oder ob sie durch Zeiträume von hundert Millionen Jahren und mehr getrennt sind; ob die Schichten normal aufeinanderfolgen oder erst *nach* der Ablagerung, bei der Gebirgsbildung, übereinandergeschoben wurden; ob die Schichten noch in ihrer richtigen Lage liegen, oder ob sie verkehrt liegen, so daß ihre Oberfläche heute nach unten liegt.

Diese Abhängigkeit von der Gebirgsbildung und der Bauform der Schichten; das Durchgreifen der Ölführung quer durch die Schichten, unbekümmert um das Alter der Schichten und die natürliche Lage der Schichtfolge; die Änderung in der Reichweite der Ölführung nach oben: *all dies spricht für eine Einwanderung des Erdöls von unten her.*

Die Unabhängigkeit des Erdöls von einer bestimmten Schicht; die regionale Unstetigkeit der Erdölvorkommen (wir treffen Öl hier in dieser, dort in jener Schicht); die Unabhängigkeit der Erdölvorkommen von der Gesteinsausbildung und dem Versteinerungsinhalt, von Ablagerungs- und Lebensbedingungen der Schichten; das Vorkommen von Erdöl in Schichten jeglichen Gesteins- und Versteinerungsinhaltes: *all das spricht dagegen, daß das Erdöl in den heute erdölführenden Schichten der nutzbaren Lagerstätten entstanden sein könnte.*

Wenn das Erdöl in den heute erdölführenden Schichten gebildet wäre, dürften wir erwarten, daß eine Veränderung des Ablagerungscharakters auch eine Veränderung von *Art* und *Menge* des Erdöls mit sich bringen müßte. Um bloß ein willkürliches Beispiel zu nehmen, könnten wir annehmen, daß eine Zunahme des Salzgehaltes, eine Abnahme des Sauerstoffgehaltes, eine Zunahme der Wärme usw. mit einer Zunahme der Ölführung — oder auch mit einer Abnahme der Ölführung — verknüpft sein könnten. Tatsächlich können sich aber in den Gesteinsschichten eines Erdölfeldes die Verhältnisse ändern in welcher Richtung sie wollen, immer bleibt die Regel bestehen, daß das Erdöl (in den reicheren Lagerstätten) stets in mehreren übereinanderliegenden Schichten auftritt; daß (ungefähr gleiche Größe der Poren vorausgesetzt) die Erdölführung in den höheren Schichten weniger weit reicht und meist auch weniger reich ist als in den tieferen. — Auch der chemische Charakter der Erdöle ist unabhängig von der Ausbildungsart der Schichten. Der Paraffingehalt nimmt nach oben ab, der Asphaltgehalt nimmt nach oben zu, unbekümmert um die Ausbildung der Gesteine. Über schweren schwarzen Paraffinölen folgen oft hellere braune, dann rötliche, endlich wein- oder wasserfarbige leichte Öle, darüber Erdgas. Eine Aufeinanderfolge leichterer über schwereren Ölen findet sich am Kaukasus (Baku), in Rumänien (Câmpeni, Tetzcani) und in Kalifornien (Ventura Avenue). In Ventura Avenue bleiben die Gesteine wesentlich dieselben, in Câmpeni, Tetzcani und Baku ändern sie sich mehrfach sehr erheblich. Die Abnahme an Färbung und Dichte nach oben wird nicht beeinflußt durch irgendwelchen Gesteinswechsel.

Wir dürften bei ortsständiger Erdölbildung annehmen, daß nach einer Ablagerungsunterbrechung von der Dauer vieler Millionen Jahre die Verhältnisse so verändert sein müßten, daß die neuerlichen Ablagerungen nun nicht gerade wieder den seltenen Fall der Erdölbildung aufweisen. Ebenso dürften wir annehmen, daß, bei einer Überschiebung oder Überfaltung verschiedener Schichten übereinander, nicht stets gerade die seltenen erdölführenden Stellen übereinandergeklappt würden. Die Erdölführung greift aber durch Ablagerungsunterbrechungen von vielen Millionen Jahren, und durch Überfaltungen und Überschiebungen verschiedener Gesteinsfolgen, ungestört quer durch.

All das erklärt sich am einfachsten durch die Annahme, daß das Erdöl in die Schichten erst eingewandert ist, als sie ihre heutige Übereinanderstellung bereits erreicht hatten.

Nun ergibt sich die Frage: Woher kommt das Erdöl?

5. Die Eignung der Gesteine zur Erdölbildung.

Wir gebrauchen in der modernen Ölgeologie zwei Fachausdrücke, die zu Unrecht viel kritisiert worden sind: es sind das die Worte „Speichergestein“ und „Muttergestein“.

Unter einem Erdölspeichergestein verstehen wir ein Gestein, das in seinen Hohlräumen Erdöl enthält; ob das Öl hier oder anderswo entstanden ist, ist hierbei gleichgültig.

Unter einem Erdölmuttergestein verstehen wir ein Gestein, in dem Erdöl entstanden ist; ob das Erdöl heute noch in diesem Gestein vorhanden ist, oder ob es inzwischen ausgewandert ist, ist hierbei gleichgültig.

In dieser Fassung ist der Begriff Speichergestein frei von jeglicher Annahme (Hypothese), und kann durch den Augenschein bestimmt werden. Der Begriff Muttergestein allerdings enthält eine Annahme. Diese Annahme aber ist unbedingt notwendig: sie betrifft die Erdölbildung. Da das Erdöl als solches nicht in den Tieren und Pflanzen, dem Regen und Wind, oder in den Vulkanen vorkommt, muß es einmal irgendwie anders gebildet worden sein. Das Gestein, in dem es sich gebildet hat, nennen wir Muttergestein; das ist bloß ein Wort zur kürzeren und leichteren Verständigung. Das ist genau so wie wenn wir sagen: eine Mutter ist eine Frau, die ein Kind geboren hat; darin liegt bereits die Annahme, daß die Kinder geboren und nicht vom Storch gebracht werden. Etwas ganz anderes ist es, wenn wir behaupten, die Frau X ist die Mutter des Kindes Y; da setzen wir schon voraus, daß uns die Mutter die Wahrheit sagen will, oder daß der Geburtsschein echt ist, daß keine Kindesvertauschung vorliegt usw. Gleichermaßen stellen sich Schwierigkeiten ein wenn wir behaupten, dieses oder jenes Gestein sei ein Muttergestein; dafür müssen wir einen Beweis liefern. Aber gegen den Gebrauch des Wortes Muttergestein kann ernstlich nichts eingewendet werden, selbst wenn alles Erdöl an dem Orte entstanden wäre, wo wir es heute finden. Dann wären eben alle Speichergesteine auch Muttergesteine, und beide Worte wären überflüssig. Sofern das aber nicht der Fall ist, bzw. solange das nicht bewiesen ist (und alle Beweisgründe sprechen dagegen), insofern und solange ist der Gebrauch dieser Worte nützlich und daher praktisch richtig.

Was müssen wir nun von einem Erdölmuttergestein verlangen? Gerade das, was wir bei den Schichten mit nutzbarem Erdöl vermissen: Die Schicht muß überall, wo sie auftritt, oder wenigstens überall, wo sie in Sätteln, Salzstockflanken usw. auftritt, Erdöl führen; oder doch Stoffe, aus denen sich Erdöl bilden kann oder Stoffe, die aus Erdöl entstanden sind, bzw. die bei der Ölbildung als Nebenprodukte entstehen. — (Tatsächlich sind gerade solche Nebenprodukte [festes schwarzes Gesteinsbitumen] für die Muttergesteine sehr charakteristisch.) — In anderen Schichten von der Ausbildungsart der Muttergesteine müssen wir ebenfalls Anwesenheit solcher erdölverwandter Stoffe fordern. Wo sich Schichten dieser Ausbildungsart heute bilden, müssen sie die Ausgangsstoffe der Erdölbildung enthalten. Je weiter die Ablagerungs- und Lebensbedingungen von den Bedingungen des fraglichen Muttergesteins abweichen, desto weniger erdölverwandte Stoffe müßten wir antreffen.

Bei dieser Frage sind in den letzten zehn Jahren zwei Forschungsrichtungen zusammengelaufen: die Geologie suchte jene Gesteine auf, die immer und überall einen Gehalt an erdölverwandten Stoffen haben. Die Seenkunde und Meereskunde lehrte uns die Gesetze kennen, nach denen sich organische Substanz in heutigen Ablagerungen anreichert und erhält. Die Ausbildungsart der Ablagerungen, in denen sich organische Substanz heute anreichert und erhält, stimmt überein mit der Ausbildungsart jener Ablagerungen, in denen wir erdölverwandte Stoffe im versteinerten Zustand treffen.

Schon seit vielen Jahren lagen in der Seenkunde und Meereskunde Beobachtungen vor, die für die Frage der Erdölentstehung wichtig waren, und die auch hierfür von Geologen, wie H. POTONIÉ und J. F. POMPECKJ, ausgewertet wurden. Den richtigen Auftrieb aber erhielten diese Vergleiche erst durch die Arbeiten von WASMUND, der die seenkundlichen Arbeiten zuerst nach diesem Gesichtspunkt zusammenstellte („Bitumen, Sapropel und Gyttja"). Die Unterscheidung von Gyttja und Sapropel hat sich als die wichtigste Errungenschaft dieser Arbeitsweise wieder und wieder bewährt.

Zunächst müssen wir uns über eine grundlegende Frage schlüssig werden: Entsteht das Erdöl in Schichten mit viel organischen Stoffen, oder kann es sich auch in Schichten bilden, in denen sich nur winzige Mengen organischer Stoffe finden?

Nehmen wir an, das Erdöl könnte sich in Schichten bilden, die nur ganz geringe Mengen organischer Stoffe enthalten. Dann müßten wir Erdöl in Ablagerungen jeglicher Ausbildungsart, und in allen Antiklinen, Salzstockflanken usw. finden, denn geringe Mengen organischer Stoffe finden sich in fast allen heutigen Ablagerungen und in fast allen Schichtgesteinen, ausgenommen nur etwa Wüstensand und Gletscherschutt. Dann müßte sich Erdöl auch in allen Ländern der Erde finden, und zwar in ebenso gleichmäßiger Verteilung wie die Schichtgesteine, die wir ja in allen Erdteilen und Ländern finden. Und wir dürften wohl auch annehmen, daß in Schichten mit hohem Gehalt an organischen Stoffen sich das Erdöl noch häufiger und in noch größeren Mengen finden würde, als in Schichten mit geringen Gehalten organischer Stoffe.

Alles das stimmt nicht. Weitaus die meisten Antiklinen, Salzstockflanken usw. sind frei von Erdöl. In ganzen Kontinenten (Australien, Afrika) kommt praktisch gesprochen kein Erdöl vor, obwohl Schichtgesteine mit geringen Mengen organischer Stoffe weitverbreitet sind. An anderen Stellen, z. B. in den Vereinigten Staaten, am Rand der Karpathen, des

Kaukasus, des Ural usw. finden sich Anhäufungen vieler und reicher Erdölvorkommen.

Auch eine direkte Beobachtung deutet dahin, daß nicht einfach beliebige geringe Mengen organischer Stoffe die Ausgangsstoffe der Erdölbildung sind. Der amerikanische Forscher Parker D. TRASK hat in Kalifornien eine 12000 m dicke, recht gleichmäßige Ablagerungsfolge untersucht. Diese ganze Schichtfolge enthält geringe Mengen organischer Stoffe (0,6 bzw. 0,87 %) in feiner Verteilung; an einzelnen beschränkten Stellen tritt auch Erdöl aus den Schichten aus; wo aber Erdöl austritt, dort ist die chemische Zusammensetzung der im Gestein verteilten organischen Stoffe anders als sonstwo innerhalb dieser Schichtfolge.

Wir müssen also schließen: die geringen Mengen feinverteilter organischer Stoffe, die wir normalerweise in allen Schichtgesteinen finden, haben nichts mit der Erdölbildung zu tun.

Schon die auffällige Abhängigkeit vieler Erdölfelder vom Rande der Faltengebirge zeigt, daß es wahrscheinlich ein besonderer Ablagerungstypus sein muß, der zur Erdölbildung führt. Die Lage allein kann es nicht sein (etwa als Folge des Druckes der Gebirgsbildung usw.); denn andere Ölfelder stehen nicht in Beziehung zum Rand von Faltengebirgen (die Ölfelder von Hannover, von Kansas, Ohio, Texas, Louisiana usw.); und die Ränder vieler Faltengebirge haben auf weite Erstreckung kein Öl. Die Häufung der Erdölvorkommen in Flecken oder Gürteln läßt vermuten, daß in diesen Flecken oder Gürteln besondere Bedingungen herrschten, die zur Erdölbildung führten. Die Gebirgsbildung selbst kann nicht die Ursache sein; denn wir finden Erdölvorkommen in Gebieten übereinandergeschobener Decken (Galizien), in Gebieten von Falten (Kalifornien, Indien, Sundainseln), in Gebieten von Salzstöcken (Deutschland, Persien, Golfküste der Vereinigten Staaten), in Bruchschollengebieten (Pechelbronn im Elsaß, Argentinien), und auch in ganz flachen Tafelländern (Ost-Texas, Mittelteil der Vereinigten Staaten). Wenn aber die Ursachen dieser Verteilung nicht direkt mit der Gebirgsbildung zusammenhängen, dann müssen sie wohl mit der Art der Ablagerungen zusammenhängen.

Es ist ja wohl auch vernünftig anzunehmen, daß die großen Mengen von Erdöl, die wir in den Ölfeldern finden, auch von einer entsprechend reichen Anhäufung organischer

Stoffe abstammen. Wir müssen auch bedenken, daß dem Erdöl manche Stoffe (z. B. Sauerstoff) fehlen, die einen großen Teil der lebenden organischen Substanz ausmachen. Bei den chemischen Vorgängen, die zur Entfernung dieses Stoffes führten, müssen auch andere chemische Elemente (wie Kohlenstoff und Wasserstoff) mit abgefallen sein; das Erdöl stellt also nur einen Teil der ursprünglich vorhandenen organischen Stoffe dar.

Wir können darum zunächst einmal von der Annahme ausgehen, daß das Erdöl sich in solchen Ablagerungen bildet, in denen viel organische Stoffe abgelagert worden sind. Wir haben dann ja immer noch die Möglichkeit, die Richtigkeit dieser Annahme zu prüfen: wir suchen die steingewordenen Vertreter solcher Ablagerungen in älteren Erdschichten auf, und untersuchen, ob sie in gesetzmäßigen Beziehungen zu den Erdölvorkommen stehen oder nicht. Erst diese Beziehungen zwischen Gestein und Erdölvorkommen können darüber entscheiden, ob ein Gestein wirklich ein Erdölmuttergestein ist.

Wald- und Sumpfablagerungen.
(Rohhumus, Torf und Kohle.)

Von allen Anhäufungen organischer Stoffe, die sich heute vor unseren Augen bilden, sind die Torf- und Humusbildung am längsten bekannt und untersucht worden. Vom Studium der Kohlen war man zum Studium der heutigen Vertreter dieses Ablagerungstyps übergegangen, und dabei zu Torf und Humus gelangt.

An trockenen Standorten mit dichtem Pflanzenwuchs, z. B. auf dem Boden der Wälder, häufen sich die von den Pflanzen abfallenden toten Stoffe an: Blätter, Äste, auch ganze zerbrochene Stämme, im Boden selbst die Wurzeln. Diese Teile würden unter dem Einfluß des Luft-Sauerstoffs zu „nichts“ verwesen, d. h. zu solchen Stoffen werden, die entweder als Gas (Kohlendioxyd) oder als Flüssigkeit (Wasser) entweichen können. Denn die organischen Stoffe bestehen zum allergrößten Teil aus Kohlenstoff, Wasserstoff und Sauerstoff; bei Verbindung mit dem Sauerstoff der Luft wird aller Kohlenstoff zu Kohlendioxyd, aller Wasserstoff endlich zu Wasser. Eine solche vollständige Umwandlung der organischen Stoffe in Oxyde, die mit einem *völligen Verschwinden* der organischen Stoffe verbunden ist, nennen wir *Verwesung*.

Zunächst unterliegen nun die toten Stoffe der Moose und anderer Sumpfpflanzen, oder Laub und Holz der Waldpflanzen, dem vollen Einfluß des Luftsauerstoffes. Hierbei verwesen die leichter zersetzbaren Stoffe, wie z. B. Eiweißstoffe, der grüne Pflanzenfarbstoff Chlorophyll u. a. Die Gerüststoffe der Landpflanzen aber, die Blatthäute, Holz, ferner Harze und Wachse, können der Verwesung lange Zeit Widerstand leisten; sie reichern sich also an, während die leicht zersetzlichen Bestandteile verschwinden. Allmählich werden diese Stoffe nun eingedeckt durch darüber wachsendes Moos oder andere Pflanzen, durch neu absterbende und abfallende Pflanzenreste. Dadurch werden die nun nicht mehr an der Oberfläche liegenden Stoffe der Einwirkung des Luftsauerstoffes allmählich entzogen. Die Lückenluft in den Poren der Ablagerung verliert ihren Sauerstoff an die organischen Stoffe, indem diese zum Teil verwesen, d. h. sich mit Sauerstoff verbinden. Jene widerstandsfähigen Gerüststoffe der Pflanzen (holzige Bestandteile, ferner Harze, Wachse), welche nicht zerstört wurden als sie noch an der Oberfläche lagen, sind nunmehr gegen Zersetzung ziemlich geschützt. Der Sauerstoffabschluß ist zwar nicht vollständig, und die Zersetzung schreitet daher weiter; sie geht aber, wegen der geringen Menge von Sauerstoff, nur langsam vor sich, und trifft vorzugsweise nur leicht zersetzliche Stoffe. Diese langsame auswählende Zersetzung, an der Bakterien teilnehmen, nennen wir *Vermoderung*. Durch die Vermoderung entsteht Moder und *Rohhumus*; dieser kann, wenn er durch weitere dichte Überdeckung in den Bereich des Luftabschlusses kommt, als organische Ablagerung erhalten bleiben und unter weiterer Umbildung zu *Kohle* werden.

Rascher und besser als auf dem Trockenen wird ein Luftabschluß dort erzielt, wo die Lücken der abgefallenen organischen Reste alsbald von Wasser erfüllt werden; das ist in den Sümpfen der Fall. Am Ufer eines verlandenden Sees, wo zwischen Schilf und Erlen noch da und dort Wasserflecke zu sehen sind, kommen die abgefallenen Blätter und Äste bald in den Bereich des stehenden Grundwassers, das ja fast bis an die Oberfläche reicht. Ähnlich ist es in den Mooren, wo die Lücken zwischen den Moosresten usw. ebenfalls wie in einem Schwamm von Wasser gefüllt sind. Unter diesen Sumpfbedingungen verwest ebenfalls nur ein Teil, und zwar besonders der leichter zersetzliche Anteil der organischen Reste, aber eine große Menge organischer Stoffe bleibt übrig, häuft sich an; so bildet sich zunächst Torf, und aus diesem in weiteren Umwandlungen Kohle.

Wir finden in den Kohlen noch zahlreiche, oft gut erhaltene Pflanzenreste: Holzreste mit erhaltenem Gewebe, Reste der widerstandsfähigen Häute von Blättern, von Sporen und Blütenstaub usw. Wir sehen heute, wie beim Sinken des Grundwasserspiegels der Wald über den Sumpf vorrückt; steigt der Grundwasserspiegel wieder, dann sterben die Bäume ab, und der Wind bricht sie nahe den Wurzeln um. Auch im Torf und in den Kohlen finden wir alte Oberflächen, auf denen solche Baumstümpfe (Stubben) einen ehemaligen Wald anzeigen, der dann wieder vom Moor überwältigt wurde. Auch finden wir in der Kohle Lagen, die wie Holzkohle aussehen (Fusit).

Die Ablagerungen von Wäldern und Sümpfen (es gibt auch Sumpfwälder: z. B. die Swamps von Florida, Mangrovesümpfe der Tropen) führen also zur Ablagerung von Rohhumus oder Torf, endlich zur Kohlebildung. Das gibt oft sehr bedeutende Ablagerungen organischer Stoffe. Wenn man die Dicke verschiedener Kohlenschichten („Flöze“) einer Schichtfolge zusammenrechnet, erhält man gar nicht selten mehrere Zehner von Metern, ja wohl auch hundert Meter und mehr. Trotz dieser enormen Anhäufung organischer Stoffe besteht kein Zusammenhang zwischen Kohlen und Erdöl. Ungeheure Steinkohlenlager finden wir in Südengland, im Ruhrgebiet und im angrenzenden Frankreich, in Belgien, in Oberschlesien, im Donetz- und Kusnetzk-Becken, in Shantung usw.; kein Erdöl kommt in diesen Gegenden vor. Ungeheure Braunkohlenvorkommen liegen in Sachsen und Böhmen: kein Erdöl gibt es in diesen Gegenden.

Es ist aber auch nicht so, als ob etwa Kohle und Erdöl einander gegenseitig ausschlössen: wir haben oben erzählt, daß in den rumänischen Sätteln die Erdölführung auf das Unterpliozän beschränkt ist, während an den Salzstöcken die Erdölführung bis ins Oberpliozän hinaufreicht. Das Oberpliozän enthält nun Kohlen. Mit diesen Kohlen, und selbst in den Kohlen (auf Schichtflächen, Klüftchen und anderen Lücken), finden wir an den rumänischen Salzstöcken Erdöl, während in den Sätteln die Erdölführung nicht bis in die Höhe der kohleführenden Schichten hinaufreicht.

Man hat auch annehmen wollen, daß das Erdöl aus den Kohlen nur dort hervorgehe, wo die Kohlen in größere Erdtiefen versenkt wurden; dort seien die Kohlen unter den Einfluß hohen Druckes (Gewicht der überlagernden Schichten) und hoher Temperatur (gegen das Erdinnere zu wird es wärmer) gekommen und hätten unter diesen Bedingungen Öl geliefert. Nun kennen wir aber den Verlauf der kohleführenden Zonen recht gut: er stimmt keineswegs mit dem Verlauf der erdölführenden Zonen überein. Wir wissen auch von vielen Erdölvorkommen, das in ihrem Untergrunde keine Kohlen vorkommen können. Das trifft für jene Erdölvorkommen zu, deren Gesteinsfolge wir als kohlenfrei bis zu darunterliegenden Graniten oder anderen aus feurigem Fluß erstarrten Gesteinen verfolgen können. — Einen besonders schlagenden Beweis haben die Untersuchungen des österreichischen Kohlenforschers PETRASCHECK erbracht: die Kohlen sind sehr empfindlich für Druck und ändern unter erhöhtem Druck ihre Zusammensetzung. Solche Druckerhöhung tritt dort ein, wo die Kohlen bei der Gebirgsbildung verformt werden. Die schlesischen Steinkohlen können nun 20 km weit unter die Karpathen hinein verfolgt werden; diese Randzone der Karpathen besteht aus Schichten, die über die kohleführende Schichtfolge überschoben wurden. Die Kohlen unter diesen überschobenen Massen haben aber dieselbe chemische Zusammensetzung, wie die Kohlen außerhalb der Karpathen, über welche keine Gebirgsmassen geschoben worden sind. Das bedeutet also, daß bei der Überschiebung die Kohlen nicht bewegt worden sind, sondern daß der Schub über sie weg ging ohne sie zu beeinflussen. (Die überschobenen Massen sind nicht dick genug, um schon durch ihr Gewicht den zur Kohlenumbildung nötigen Druck zu liefern.) — In den überschobenen Massen des

Karpathenrandes aber, die über den Kohlen liegen, finden wir Erdöl an vielen Stellen. Wenn dieses Erdöl von den unterlagernden Kohlen stammte, müßte man diese Abgabe flüssiger Stoffe aus den Kohlen als chemische Veränderung der Kohlen nachweisen können. Die Kohlen sind aber chemisch unverändert, können also auch nichts abgegeben haben.

Die chemischen Vorgänge bei der Bildung der Kohlen sind wesentlich verschieden von den Vorgängen bei der Bildung von Erdöl. Bei der Kohlebildung werden schon gleich bei der Ablagerung die empfindlichen Stoffe zerstört; hierher gehört z. B. das Blattgrün (Chlorophyll). Im Erdöl aber finden wir einen sehr kennzeichnenden Gehalt an Abkömmlingen des Blattgrüns, daneben in kleineren Mengen bestimmte Abkömmlinge des roten Blutfarbstoffes, nämlich die Stoffe Mesoätioporphyrin und Mesoporphyrin. — Den Humuskohlen (das sind im wesentlichen alle Kohlen außer den seltenen Cannelkohlen und Bogheads) fehlen alle diese Stoffe, dafür aber findet sich in kennzeichnender Weise ein anderer Abkömmling des Blutfarbstoffes, nämlich das Deuteroätioporphyrin; dieses entsteht aus dem Deuterohämin, das sich bei langsamer Fäulnis aus dem roten Blutfarbstoff Hämoglobin bildet (Treibs). Wahrscheinlich gehörte dieser Blutfarbstoff niederen Tieren (Insektenlarven, niederen Würmern) an, die in dem sauerstoffarmen Sumpfwasser lebten; denn unter diesen Bedingungen entwickeln solche Tiere den roten Blutfarbstoff Hämoglobin; solche schon in der Ablagerung lebenden Tiere können auch rasch sauerstoffdicht abgeschlossen werden. — Die Gyttjakohlen (Bogheads, Cannelkohlen, australischer Torbanit) führen zwar dieselben Porphyrine wie das Erdöl und die bituminösen Gesteine, aber solche Kohlen sind meist nur ganz untergeordnete Einlagerungen zwischen Humuskohlen. —

Im Erdöl finden wir von Metallen Kupfer, Nickel, Vanadium, Molybdän angereichert, in den Kohlen dagegen Germanium und Chrom.

Bei der Kohlenbildung wird der Wasserstoffgehalt der organischen Stoffe verringert, dabei bleibt aber ein großer Teil des Sauerstoffgehaltes erhalten. Bei der Bildung des Erdöls und seiner Verwandten („Bituminierung") dagegen bleibt der Wasserstoffgehalt erhalten, während der Sauerstoff ganz oder fast ganz verschwindet. —

Zwischen Kohlebildung und Erdölbildung, und zwischen den Vorkommen von Kohle und Erdöl, bestehen keine Zusammenhänge.

Einteilung der Gewässer und ihrer Ablagerungen.

Gewässer-Typ	oligotroph = nährstoffarm	oligotroph bis eutroph	eutroph = nährstoffreich
Produktion von	wenig	wenig bis viel	viel
	Schwebepflanzen, das sind die Grundlagen (Nahrung) für alles andere Leben		
Bewegung und Durchlüftung	ganze Wassermasse durchbewegt und durchlüftet	←——————→	nur oberste Wasserschicht bewegt und durchlüftet, Bodenwasser ruhig
Bodenwasser	wohl durchlüftet	minder gut durchlüftet	nicht durchlüftet, ohne Sauerstoff, mit Schwefelwasserstoff
Grenze zwischen H_2S und O_2	kein H_2S vorhanden (oder Grenze im Boden)	im Boden	im Wasser über dem Boden
Oberste Bodenschicht	hellfarbig (braun, grau usw.)	zu oberst hellfarbig, darunter schwarz	schwarz
Bodenleben	reich an Arten und Individuen	arm an Arten, reich an Individuen	keine Tiere, keine höheren Pflanzen, nur Bakterien
Versteinerungen	hauptsächlich zahlreiche Bodentiere	Bodentiere und -pflanzen, schwimmende u. treibende Lebewesen meist in guter Erhaltung	keine Bodentiere und -pflanzen außer Schwefelbakterien; schwimmende und treibende Lebewesen meist in schlechter Erhaltung
Umbildung der organischen Stoffe des Bodens durch Lebewesen	die organischen Stoffe werden entfernt durch Schlammfresser und Zerreibselfresser	Die Menge der angelieferten organischen Stoffe wird verringert durch Zerreibselfresser; abgelagerte organische Substanz wird zur Oberfläche rückbefördert durch Schlammfresser; nur der verbleibende Rest wird bakteriell umgebildet	Die organischen Stoffe werden nur durch Bakterien umgebildet
Schicksal der organischen Stoffe des Bodens	Verwesung	anfängliche Verwesung, nach Eindeckung Fäulnis (z.T. Leichenwachsbildung)	Fäulnis

Erhaltung von	mineralischen Skeletteilen	außer mineralischen auch organische Gerüststoffe, wie Horn, Chitin, Pentosan, Lignin; ferner Fette	Außer organischen Gerüststoffen auch leicht zersetzliche organische Stoffe, wie Eiweiße, Kohlehydrate
Zerstörung von	allen Kohlenwasserstoffen und Kohlenwasserstoffverbindungen	leichtzersetzlichen Kohlenwasserstoffen und -verbindungen, Lösung von Kalk	Zerstörung nur der Form, aber Erhaltung (unter Umbildung) der Substanz der Kohlenwasserstoffe u. -verbindungen. Lösung von Kalk und z. T. Kiesel
Anreicherung von	mineralischen Stoffen	Horn, Chitin, Pentosan, Fett (Leichenwachs). Bei rascher Ablagerung großer Mengen organischer Stoffe bleibt auch Chlorophyll erhalten. Elemente: Phosphor, Brom	Eiweißstoffe, Kohlehydrate, Fette, Chlorophyll. Elemente: Stickstoff, Kupfer, Nikkel, Vanadium, Molybdän
Entstehende Ablagerung	mineralisch (Ton, Sand)	Gyttja	Faulschlamm
Fertige Gesteine	Ton, Sand, Schiefer, Sandstein	bituminöse Tone, Brandschiefer, Cannelkohlen, Bogheads, Torbanit, Kuckersit	bituminöse Tone, Kohlenölschiefer. Erdölmuttergesteine, Erdöl

Seeablagerungen.

Anhäufungen organischer Stoffe finden wir auch am Grunde stehender Gewässer. Die besten systematischen Untersuchungen dieser Ablagerungen verdanken wir der modernen Seenkunde (THIENEMANN). WASMUND hat von da die Brücke zur Geologie geschlagen. Die von ihm wieder eingeführte Unterscheidung von Sapropel (LAUTERBORN) und Gyttja entsprechend dem ursprünglichen Sinne dieser Begriffe hat sich als äußerst nützlich erwiesen. Diese Unterscheidung bildet die Grundlage für das Verständnis des verschiedenen geochemischen Verhaltens der organischen Ablagerungen stiller und fauler Wässer; auf dieser Unterscheidung beruht die Erkennung der Erdölmuttergesteine.

Im sauerstoffreichen „frischen“ Wasser verwest die organische Substanz, und zwar auch die organischen Gerüststoffe, wie Holz (Lignin usw.), Chitin, Horn usw. Dagegen bleiben Skeletbestandteile aus Kalk häufig, aus Kieselsäure fast stets, erhalten. Ablagerungen, die fast nur aus solchen Schalen bestehen, sind gar nicht selten (Seeablagerungen: Schalenschichten, manche Kieselgur, Chitingyttja. Meerisch: Schreibkreide, Nummulitenkalk, Radiolarit, Diatomit, Muschelkalke usw.). — In frischem Wasser bilden sich also Ablagerungen ohne organische Stoffe oder genau genommen, mit geringen Resten organischer Stoffe; denn Bruchteile eines

Prozent bleiben fast in jeder Ablagerung erhalten. Es sind das Reste, die zufälligerweise bald nach der Ablagerung so gut zugedeckt wurden, daß sie nicht verwesten. Der größte Teil so zugedeckter Stoffe wird aber später von den im Boden langsam strömenden sauerstoffhältigen Wassern erreicht, und verwest dann doch. Ein anderer Teil wird bei der Durchwühlung des Bodens durch die bodenbewohnenden Tiere aus sei-

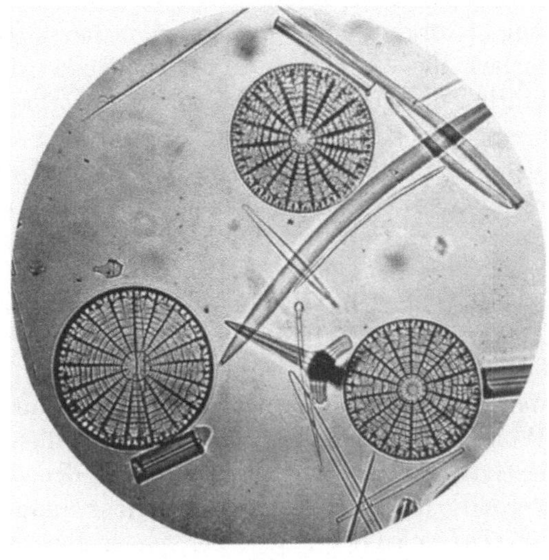

Abb. 23. Kieselalgen (darunter die „Spinnenscheibe" *Arachnoidiscus*). Aus fossiler Kieselgur. Stark vergrößert.

nem Schutzversteck aufgewühlt, und an die Ablagerungsoberfläche in den Bereich des sauerstoffhaltigen Wassers zurückbefördert. Ein ganz kleiner Teil aber entgeht allen diesen Gefahren und bleibt erhalten.

Aus frischem Wasser erhalten wir mineralische Ablagerungen. Diese bestehen aus schwebend zugeführten Teilchen (Sand, Ton); ferner aus Stoffen, die aus dem Wasser infolge von Übersättigung oder infolge der Lebenstätigkeit von Pflanzen ausgeschieden werden (Quellkreide, Seekreide, Verwesungsfällungskalk; Eisenerz als See-Erz; Gips; Salze); endlich aus mineralischen Skeletteilen der Lebewesen. Dazu kommen noch Stoffe, die erst bei der Umbildung des Bodens entstehen, wie z. B. Schwefelkies, der auf die Zersetzung der organischen Stoffe im Boden zurückgeführt werden kann.

In stillem Wasser und bei starker Zuführung organischer Stoffe bilden sich verschiedene Typen organischer Ablagerungen.

In Lösung zugeführte und im See ausgeflockte Humussubstanzen ergeben den gallertartigen Dy („Lebertorf“ z. T.).

Ablagerungen organischer Stoffe in sauerstoffhaltigem Wasser ergeben die Gyttja: ihre Oberfläche wird unter Sauerstoffeinfluß zersetzt, wobei die leicht zerstörbaren Stoffe meist größtenteils verlorengehen; erst tiefere Schichten sind gegen Sauerstoffeinfluß geschützt. Die sauerstoffhaltige braune, grünliche oder graue Oberflächenschicht wird von Schlammfressern besiedelt und durchwühlt; auch graben sich viele Tiere, die aus dem Wasser Lebewesen und Zerreibsel fischen, in der Ablagerung Wohnschächte. In versteinerten Ablagerungen finden wir oft Schalen dieser Tiere (z. B. von Muscheln) erhalten. Die Anwesenheit anderer Tiere, die keine erhaltungsfähigen Hartteile besitzen, können wir aus den gegrabenen Wohnbauten und den geformten Kotballen erschließen. — Die Gyttja wird meist vorwiegend auf dem Wege des Gefressenwerdens und Ausgeschiedenwerdens umgewandelt; besonders in tieferen Schichten aber spielen auch bakterielle Umwandlungen eine bedeutende Rolle. Gelegentlich allerdings geht die Ablagerung größerer Mengen organischer Stoffe so rasch vor sich, daß die Verwesung keine Zeit zu tiefgreifenden Zerstörungen hat, und die Schlammfresser keine Zeit haben, die Ablagerung gründlich zu besiedeln und durchzuarbeiten; auch die bakterielle Zersetzung ist in diesem Falle so beschränkt, daß die organischen Formen nicht zerstört werden (Algengyttjen). Aber auch in diesem Falle finden wir, daß leicht zersetzliche Stoffe zerstört worden sind: der Stickstoffgehalt nimmt ab; das ist ein wesentliches Kennzeichen der Gyttja, ein Kennzeichen einer Umwandlung unter Sauerstoffeinfluß.

Kennzeichnend für Gyttjen ist auch die Erhaltung widerstandsfähigerer organischer Stoffe (Gerüststoffe, Fette usw.)

mit Erhaltung ihrer Gewebestruktur. Andererseits entstehen bei den Zersetzungsvorgängen organische Säuren, welche Kalk lösen. Kalkige Skeletteile verschwinden oft in den Gyttjen. Einige dieser organischen Säuren aber wirken auf manche organische Stoffe gerbend ein, und entziehen sie der Auflösung und der bakteriellen Zersetzung. In den Tümpeln der Moore, wo diese Säurewirkung besonders stark ist, finden wir von den Moorleichen oft nur Haut, Haar und Nägel (Klauen, Hufe) erhalten, während Fleisch und Knochen verschwunden sein können. In den Gyttjen der Seen werden häufig die hornigen und chitinösen Stoffe, die meist die Außenseite der Körper schützen, schon in der sauerstoffhaltigen Zone zerstört. Skeletteile aber, die aus Chitin oder Horn zusammen mit Kalk (in wechselnden Lagen oder inniger Verflechtung) gebildet sind, finden wir in Gyttjen recht häufig erhalten; das trifft z. B. für die hornig-kalkigen Fischschuppen zu, oder für die chitinös-kalkigen Deckel der Schneckenfamilie Bulimidae (*Bulimus, Tylopoma*), während die rein chitinösen Deckel der Sumpfdeckelschnecke (*Viviparus*) niemals erhalten sind. In dieser Verflechtung von Kalk mit Horn oder Chitin übernimmt der Kalk den Zersetzungsschutz in der oberflächennahen sauerstoffhaltigen Zone; in der Tiefenzone werden dann die widerstandsfähigen organischen Gerüststoffe Chitin und Horn nicht mehr angegriffen, und schützen nun ihrerseits den Kalk vor Auflösung.

Horn ist ein Eiweißstoff. Chitin ist ein komplexes Polysaccharid, das ist eine Verbindung zuckerähnlicher Stoffe mit stickstoffhaltigen Teilmolekülen. Zucker und Stärke gehören zu den Kohlehydraten. Zu diesen gehören auch einige organische Gerüststoffe, die besonders für Pflanzen sehr wichtig sind: Zellulosen, ferner Pentosan usw. Lignin und Pentosan bleiben unter den Bedingungen der Gyttjen erhalten; Zellulose scheint dagegen nur dort erhalten zu bleiben, wo sie mit Lignin in enger Verflechtung steht, ähnlich wie wir dies oben von der Verflechtung von Horn bzw. Chitin und Kalk besprachen.

Kennzeichnend für manche Gyttjen ist auch die Umbildung von Fett und fettumhülltem Eiweiß zu Leichenwachs. Diese Leichenwachsbildung ist neuerdings von WASMUND zusammenfassend behandelt worden. Die Anteilnahme von Eiweiß an der Leichenwachsbildung ist zu unrecht wiederholt bestritten worden. Wir finden im Leichenwachs oft genug typische Eiweißstrukturen (Muskelgewebe) erhalten. Auch ist die Menge von Leichenwachs oft viel zu groß, als daß sie ganz aus dem meist geringen Fettgehalt der Tiere hergeleitet werden könnte. Doch ist es richtig, daß das Fett zur Leichenwachsbildung nötig ist; denn es sind meist besonders fette Leichen (Aale unter den Fischen, dicke Menschen) die zu Leichenwachs geworden sind. Wir nehmen auch hier wieder an, daß die widerstandsfähigen Fette die Rolle von Schutzhüllen spielen, wie der Kalk in den Kalkchitin- und Kalkhornskeleten, oder das Lignin in den Lignin-Cellulose-Gerüsten.

Chemisch gesehen besteht das Leichenwachs aus freien Fettsäuren (von denen die Säuren mit Doppelbindungen im Laufe der Umbildungen allmählich verschwinden), und aus den Kalk- und Ammonseifen dieser Fettsäuren. Die Körperfette dagegen sind Verbindungen des dreiwertigen Alkohols Glyzerin mit drei Fettsäuren.

Das Leichenwachs ist ein sehr widerstandsfähiger Körper, der sich durch geologische Zeiten erhalten kann. Im Laufe der Zeit kann es durch mineralische Substanzen ersetzt werden; die in Kalk oder Phosphor usw. versteinerten Muskeln von Ichthyosauriern usw. dürften sich auf diesem Wege erhalten haben. Wichtiger noch dürfte sein, daß die Algenstoffe in den Algengyttjen wahrscheinlich irgendeine derartige Umwandlung durchmachen, die aber noch nicht untersucht ist. Denn wir finden diese Stoffe als Kerogen wieder, das ist ein gelbes, braunes oder kresses (orangefarbiges) Bitumen, das durch sehr geringen Stickstoffgehalt gekennzeichnet ist.

In der Gyttja erhalten sich also normalerweise nur die weniger leicht zersetzlichen organischen Stoffe, darunter besonders die Gerüststoffe: aus der Gruppe der Eiweißstoffe Horn, zumal in Verflechtung mit Kalk; aus der Gruppe der Kohlehydrate Chitin sowie Lignin und Pentosan, Zellulose aber wohl nur in Verflechtung mit Lignin; unter bestimmten Bedingungen auch Fette, und fettumhülltes Eiweiß in der Form von Leichenwachs. —

Andererseits können von vornherein schon an einem geschützten Platz so viel organische Stoffe zusammengeschwemmt werden, daß die Verwesung einfach nicht mit ihnen fertig wird; diese organischen Substanzen werden dann von neu abgelagerten organischen Substanzen überlagert, ehe sie verwesen. Sind die organischen Substanzen erst einmal überlagert, dann bleiben sie meist auch erhalten, wenn nur die Abdichtung gegen wandernde Lösungen (Wasser) gut genug ist. Ja, solche Ablagerungen können sogar ohne wesentliche bakterielle Zersetzung erhalten bleiben, wie das z. B. bei den Bogheadkohlen und beim estnischen Brennschiefer (Kuckersit) der Fall ist. Im Meere, ganz besonders aber in den Seen, werden ja jahreszeitlich große Mengen von Algen gebildet. Werden solche Algenmassen dann irgendwo zusammengetrieben und abgelagert, so wird weder Verwesung noch bakterielle Umbildung mit diesen Massen fertig. Es bleibt eine Ablagerung, die reich ist an organischer Substanz; diese Ablagerung ist eine Gyttja (Algengyttja), denn es fehlt ihr eine durchgreifende bakterielle Zersetzung. Die Zersetzung hat nur die empfindlichsten Stoffe betroffen (z. B. ist der Stickstoffgehalt sehr vermindert); die Ablagerung stand unter Sauerstoffeinfluß. Andererseits aber fehlt diesen Gyttjen die Durcharbeitung durch Schlammfresser (Exkremente fehlen oder sind selten), die sonst für Gyttjen kennzeichnend ist, weil die Ablagerung zu schnell vor sich geht, als daß sich Tiere in größerer Zahl ansiedeln könnten. Solche schnelle Ablagerung großer Mengen organischer Stoffe ist aber keine Dauererscheinung, sondern auf bestimmte Jahreszeiten beschränkt.

In der Gyttja nimmt der Stickstoffgehalt rasch ab selbst dann, wenn bei der raschen Ablagerung der Algengyttjen keine formzerstörende Zersetzung und keine Durchwühlung durch Schlammfresser stattfindet. Die bakterielle Zersetzung ist in den Gyttjen bei weitem nicht so intensiv wie in den Faulschlammen; nicht nur finden wir in den Gyttjen oft genug organische Gewebestrukturen in guter Erhaltung, sondern auch der Bromgehalt ist in den Gyttjen erhalten geblieben. Die bromhaltigen Verbindungen (Gerüsteiweiße) sind also nicht zerstört worden.

Unter Faulschlamm (Sapropel) verstehen wir eine organische Ablagerung, die sich unter sauerstofflosem Wasser bildet. Die Grenze Sauerstoffführung/Sauerstoffreiheit liegt im freien Wasser, nicht innerhalb der Ablagerung wie bei der Gyttja. Der Faulschlamm hat daher keine sauerstoffhaltige Oberflächenschicht; die niedergesunkenen organischen Stoffe erleiden keine durch Sauerstoff bedingten Veränderungen mehr. Der Faulschlamm wird nicht von Tieren besiedelt, durchwühlt, gefressen. Wir finden keine Exkremente bodenbewohnender Tiere mehr (wohl aber können die Leichen von Schwebetieren und Schwimmtieren vorgebildete Exkremente in den Faulschlamm einschleppen). Der Faulschlamm wird nur durch die Tätigkeit von Bakterien umgebildet. Diese Bakterientätigkeit ist gründlich und zerstört die organischen Formen und Gewebestrukturen. Auch die bromhaltigen Verbindungen werden zerstört. Das Brom entweicht größtenteils, die Faulschlamme sind verhältnismäßig arm an Brom. Dem Faulschlamm fehlt die Zersetzung unter Sauerstoffeinfluß; deshalb bleiben in ihm viele leicht zersetzliche Eiweißstoffe erhalten. Hierher gehört z. B. der grüne Pflanzenfarbstoff Chlorophyll. Der Stickstoffgehalt der Faulschlamme ist verhältnismäßig hoch, und nimmt innerhalb des Faulschlamms nicht wesentlich ab; das kommt davon, daß die stickstoffhaltigen Eiweißstoffe im Faulschlamm zwar durch die Bakterien in andere Eiweißstoffe umgewandelt werden, aber nicht so aufgespalten werden, daß der Stickstoff frei würde (wie das unter Sauerstoffeinfluß geschieht).

In den Faulschlammen wird Kalk aufgelöst, und auch zartere Kieselschalen fallen der Auflösung zum Opfer. Die organische Substanz bleibt zwar erhalten, verliert aber durch die bakterielle Zersetzung ihre äußere und innere Form (Struktur). Die Lieferanten der organischen Substanz sind also meist unkenntlich, und nur gelegentlich findet man auf Schichtoberflächen hornige oder chitinöse Reste von Fischen, Krebsen oder Insekten, die im Oberflächenwasser über der vergifteten Zone lebten. Auch die Faulschlamme sind durch den Gehalt von Schwefelkies gekennzeichnet, und hierdurch, sowie durch die oft reichliche organische Substanz dunkel bis schwarz gefärbt. –

Wie finden wir nun diese organischen Seeablagerungen in versteinertem Zustande wieder? Die mineralischen Ablagerungen als Schotter, Sand, Ton (bzw. in verfestigtem Zustand als Konglomerat, Sandstein, Schiefer) mit Resten von solchen Pflanzen und Tieren, wie sie im Süßwasser leben. Meist finden wir viele solcher Schichten miteinander vergesellschaftet; im Verbande mit diesen mineralischen Süßwasserablagerungen müssen wir dann auch die umgebildeten Gyttjen und Faulschlamme erwarten. Diese müssen sich von den mineralischen Ablagerungen durch ihren Gehalt organischer Stoffe unterscheiden. Wir finden nun tatsächlich mit den mineralischen Süßwasserablagerungen auch Ablagerungen mit hohen organischen Gehalten vergesellschaftet; das sind aber so gut wie immer k o h l i g e Ablagerungen. Die Humuskohlen schalten wir als Wald- und Sumpfablagerungen von unseren Betrachtungen hier aus. Dann bleiben die Cannelkohlen, Bogheads, Brandschiefer, Kohlenölschiefer usw. als Unterwasserablagerungen, die ursprünglich Dy, Gyttja oder Faulschlamm waren.

Der normale Gang der Ereignisse ist meist etwa dieser: Eine alte Landoberfläche, die durch Frost und Hitze, Feuchtigkeit und Austrocknung verwittert ist, und von Wind und Regen abgespült worden ist, senkt sich. Dabei wird das Gefälle der Flüsse (der Höhenabstand bis zum Meeresspiegel) kleiner, der Wasserabfluß schwieriger. In gleicher Weise wird der Wasserabfluß schwieriger, wenn irgendwo ein Teil des Landes gehoben wird; dadurch werden die Flüsse gestaut. In beiden Fällen steigt der Grundwasserspiegel. Auf Trockenwälder folgen Sumpfwälder und Sümpfe. Wenn der Wasserspiegel so hoch angestaut wird, daß er über die Landoberfläche hervortritt, entstehen Seen. — Wenn nun aber Hebung des Landes, oder fortschreitendes Einschneiden der Flüsse den Grundwasserspiegel wieder tiefer legt, dann erhalten wir die umgekehrte Reihenfolge, vom See zum Sumpf und zum trockenen Boden.

Diese Veränderungen finden wir dann in den Ablagerungen wieder. Nur verläuft das alles meist nicht so regelmäßig, denn die Natur macht gerne Sprünge. Aber wir finden doch oft Wald- und Sumpfablagerungen als Kohlen wieder, die über einer alten Landoberfläche liegen (Grundflöze). Diese Kohlen gehen nach oben oft in Brandschiefer über, in denen man hornige Fischschuppen, Abdrücke von Fischskeleten, hornige Schneckendeckel, chitinöse Insektenpanzer, verschiedene Exkremente usw. findet; durch diese Versteinerungen und den Gehalt an organischen Stoffen erweisen sich die Brandschiefer als Seeablagerungen und zwar als Gyttjatone. Darüber folgen dann häufig mineralische Ablagerungen, Tone, Sande und Schotter, die in einem von frischem Wasser durchströmten Seebecken abgelagert wurden, das durch Flußtrübe und Flußschotter allmählich zugeschüttet wurde.

Oder wir finden mineralische Flußablagerungen, erst Sande, dann Tone, darüber Brandschiefer oder Faulschlammkohlen; hier ist ein Seebecken allmählich von einem kräftig durchströmten zu einem stillen Gewässer geworden. Über den Brandschiefern oder Faulschlammkohlen finden wir dann oft gewöhnliche Kohlen. Diese Verbindung der Faulschlammkohlen, Brandschiefer usw. mit gewöhnlichen Kohlen einerseits und mineralischen Ablagerungen mit Süßwasserlebewesen andererseits, entspricht ganz der idealen Entwicklungsreihe vom durchströmten zum stehenden Gewässer, vom See zum Sumpf.

Wir können diese Entwicklungsreihen oft genug verfolgen; überall führen sie zu kohligen Gesteinen. Stark tonige Gyttjen und Faulschlamme finden wir als Brandschiefer wieder. Weniger tonige Gyttjen, Faulschlamme, und wohl auch Dy, finden wir heute als Kohlenölschiefer, bituminöse Kohlen usw. wieder. Die Algengyttjen erkennen wir mit wohlerhaltenen Algen in den Bogheadkohlen wieder.

Bis jetzt sind keine nutzbaren Erdöllagerstätten bekannt, die aus Seeablagerungen entstanden wären. Wir finden wohl gelegentlich Öltröpfchen in Kohlen, und Kalke zwischen Seefaulschlammen führen manchmal Erdteer und Asphalt. Die Bildung von Erdöl ist also auch in Seefaulschlammen möglich, hat aber doch anscheinend nirgends zu großen Erdöllagerstätten geführt.

Warum nicht? — Das ist eine noch ungelöste Frage. Vorläufig haben wir die Beobachtungen zusammengetragen und rein statistisch festgestellt, daß keine Zusammenhänge zwischen See- und Sumpfablagerungen und großen Erdöllagerstätten bestehen, sondern daß wir die verschiedenen Typen der organischen See- und Sumpfablagerungen in Gestalt von Kohlen wiederfinden. Die Kohlen, welche aus Gyttjen entstanden sind, und ganz besonders die Faulschlammkohlen, haben einen Gehalt an erdölverwandten Stoffen, der herausdestilliert werden kann; daher der Name Kohlenölschiefer für die Faulschlammkohlen. Also etwas Erdölähnliches wird wohl aus den organischen Stoffen der Gyttja und des Faulschlammes, aber doch meist kein flüssiges Erdöl. Ich möchte annehmen, daß die Gerüststoffe der höheren Pflanzen daran schuld sind, daß nur feste Bitumina entstehen. Diese Gerüststoffe sind anscheinend sehr schwer umzubilden. Sie bilden feinmaschige Gerüste und binden und schützen die bei der Umbildung entstehenden Stoffe. Beim Festhaften an Oberflächen werden auch die Erdölstoffe verdichtet und bilden dabei große Moleküle; sie gehen aus dem flüssigen in den festen Zustand über. Auch der Sauerstoffgehalt der Gerüststoffe mag bei diesen Verfestigungen eine Rolle spielen. So bilden z. B. bei der Harzbildung aus Spaltbenzin, oder bei der Verhärtung des Asphalts, Sauerstoffverbindungen die Anregungsstoffe (Katalysatoren) für die Bildung der großen Moleküle der festen Stoffe.

Wenn nun aber in einem See gar keine höheren, sondern nur niedere Pflanzen abgelagert würden? Das ist z. B. bei den Algengyttjen der Fall. Aus solchen Gyttjen werden wahrscheinlich zunächst leichenwachsähnliche Stoffe, und heute liegen diese Stoffe als braunes, gelbes, kresses, aber stets festes, Gesteinsbitumen (Kerogen) vor. Auch hier mag die erhaltene organische Form und Gewebestruktur ein Gerüst zur Anlagerung abgeben, und der Sauerstoffgehalt harzartiger und wachsartiger Stoffe und der Fettsäuren mag die Umbildung beeinflussen. Auch diese Umbildungen sind noch nicht geklärt. Aber wir finden die typischen Algengyttjen stets in der Form der Bogheads wieder. — Nun sind ja die Algengyttjen keine Faulschlamme. Was würde aus Süßwasserfaulschlammen werden, wenn solche nur oder vorwiegend aus niederen Pflanzen entstehen? Wir vermuten, daß die seltenen und spärlichen Vorkommen von ortständigem Öl und Asphalt in manchen Süßwasserablagerungen auf solche Faulschlamme zurückgehen.

Aus den Süßwasserfaulschlammen entstehen meist bituminöse Kohlen bzw. Kohlenölschiefer, aus denen durch Destillation Öl gewonnen werden kann; auch einige wenige, sehr kleine Öl- und Asphaltvorkommen sind aus Süßwasserfaulschlammen entstanden. Die großen praktisch nutzbaren Erdöllagerstätten aber haben mit Süßwasserfaulschlammen nichts zu tun.

Die organischen Ablagerungen der Süßwasserseen und Sümpfe bilden sich zu Kohlen um; zwischen ihnen und den großen Erdöllagerstätten bestehen keine Beziehungen.

Brackwasserablagerungen.

Unter Brackwasser verstehen wir Salzwasser, dessen Salzgehalt geringer ist als der des Meerwassers. Solche Wasser können durch Eindampfen von

Flußwasser entstehen, wie heute im Kaspi; die Zusammensetzung weicht dann von der des Meerwassers ab; wir nennen diesen Wassertyp „Kaspibrack". Andererseits können Brackwasser dadurch entstehen, daß Meerwasser durch Flußwasser verdünnt wird; das nennen wir „Normalbrack". Die Grenze zum Meerwasser legen wir dort, wo wir an der Tierwelt deutlich den Einfluß der Wasserveränderung erkennen können, d. i. bei etwa 2 % Salzgehalt. Aus demselben Grund ziehen wir die Grenze zum Süßwasser bei einem Salzgehalt von etwa 0,1 %.

Der typische Bereich normalbrackischer Wasser ist jene Küstenzone, in der Süß- und Meerwasser sich mischen. Man hat vielfach geglaubt, daß hier ein Massensterben einsetzen müßte, wenn bei Flut salzigeres, bei Ebbe süßeres Wasser den Brackwasserraum durchströmt. Diese Ansicht ist aber falsch; denn die Lebewelt (auch die sonst sehr empfindliche Schwebewelt) des Brackwasserraumes ist an diese Schwankungen angepaßt. Die Leichenanhäufungen am Boden der Brackwasserräume bestehen fast nur aus den ganz normal sterbenden Brackwasserlebewesen. Die empfindlichen Salzwasser- oder Süßwasserformen, die bei einer Salzgehaltschwankung „katastrophal" zugrunde gehen müßten, spielen in den Ablagerungen des Brackwasserraumes praktisch gar keine Rolle.

Die Zwischenlagerungen von Süß-, Brack- und Salzwasserablagerungen, welche der Geologe an Hand des Versteinerungsgehaltes der Schichten feststellen kann, spielen schon gar keine Rolle für ein „katastrophales" Sterben; denn diese Zwischenlagerungen entsprechen so langen Zeiträumen, daß währenddessen die Lebewelt die Verschiebung der Lebensbedingungen ruhig mitmachen kann. Wir erleben heute z. B. solche Verschiebungen in Skandinavien (dessen Küsten steigen), an unserer Nordseeküste (die sinkt), usw. Selbst dort, wo in kurzer Zeit große Mengen Sediment abgelagert wurden (wie im rumänischen Pliozän, das je nach Örtlichkeit Mächtigkeiten von 1000 bis 3000 m aufweist), bezeichnet eine Tonablagerung von Meterdicke meist einen Zeitraum von hundert bis tausend Jahren; hinzu kommt noch, daß die Schichtebenen Lücken von beliebig langer Dauer darstellen können.

In vielen Ölfeldern finden sich u. a. auch Brackwasserablagerungen, und man hat deshalb geglaubt, statistisch einen Zusammenhang zwischen Brackwasserablagerungen und Erdöl feststellen zu können. Das zeigt, wie gefährlich eine unüberlegte Statistik werden kann. Man muß sich zuerst überlegen, daß in sehr vielen Ölgebieten eine Schichtfolge von mehreren tausend Metern

Dicke ölführend ist, wenn man die Abstände aller Schichten zusammenrechnet, die in irgendeinem Ölfeld des betreffenden Gebietes Öl führen. Wir kommen dann z. B. in Rumänien auf 3000—4000 m, in Kalifornien auf ebensoviel, usw. Nun muß man sich zunächst überlegen, wie groß die Wahrscheinlichkeit ist, irgendwo innerhalb einer Dicke von soviel tausend Metern Brackwasserablagerungen anzutreffen. Diese Wahrscheinlichkeit ist sicher größer als 50 %. Unter diesen Umständen kann das häufige Auftreten von Brackablagerungen in ölführenden Gebieten nicht wundernehmen, und gibt keinesfalls einen Grund für die Annahme irgendwelcher Zusammenhänge zwischen Brackwasser und Ölbildung. Ferner ist zu berücksichtigen, daß die Brackwasserablagerungen, deren Zusammenhang mit der Erdölbildung man nachzuweisen versuchte, bald unter, bald über, bald zwischen den ölführenden Schichten liegen. Sollte ein gesetzmäßiger Zusammenhang bestehen, so müßte man die Brackwasserablagerungen stets an wesentlich gleichen Stellen der ölführenden Profile erwarten.

Zwischen Brackwasserablagerungen und Erdölbildung besteht kein gesetzmäßiger oder regelmäßiger Zusammenhang.

Meerische Ablagerungen.

Eine große Menge von Beobachtungen über die Ablagerung und Umbildung organischer Stoffe im Meere liegt vor. Aber die Ergebnisse sind meist in Schriften enthalten, die dem Geologen schwer zugänglich sind. Daher haben diese Beobachtungen nicht die Beachtung gefunden, die sie verdienen. Ich habe darum eine große Anzahl solcher Beobachtungen in der Zeitschrift „Kali" 1935 zusammengestellt.

Wie in den Süßwasserseen, so finden wir auch im Meere mineralische Ablagerungen, Gyttjen, und Faulschlamme, in derselben Abhängigkeit von der Wasserbewegung und Durchlüftung des Wassers. Einen ganz geringen Gehalt an organischen Stoffen haben natürlich auch die mineralischen Ablagerungen.

Parker D. Trask hat 2000 meerische Proben aus aller Welt untersucht. Weitaus die meisten Proben sind mineralische Ablagerungen. Seine Ergebnisse sind: In der Nähe der Küsten steigt oft der Gehalt an organischen Stoffen. An geschützten Stellen, wie in Buchten oder Tiefstellen, steigt der Gehalt an organischen Stoffen; mit abnehmender Stärke der Strömung steigt der Gehalt an organischen Stoffen; mit abnehmender Korngröße der mineralischen Teilchen steigt der Gehalt an organischen Stoffen. Setzen wir diese Beobachtungsreihe logisch fort: größere Mengen organischer Stoffe lagern sich in geschützten Buchten und Tiefs, in ruhigem

Wasser und zusammen mit Ton ab. — Die Tiefseeablagerungen der Ozeane enthalten nur geringe Mengen organischer Substanz, im Mittel etwa 1 %; es sind mineralische Ablagerungen.

Das kommt daher, daß die Pole heute Eiskappen tragen. Das kalte, sauerstoffreiche Wasser sinkt zu Boden und strömt gegen den Äquator. Im Bereiche dieses sauerstoffhaltigen Wassers verwesen die organischen Substanzen meist schon beim Niedersinken, der Rest noch auf dem Boden. Denn die Ablagerung geht langsam vor sich, es dauert lange, bis die abgelagerten Reste zugedeckt werden. Infolge dieser Strömungsverhältnisse sind die heutigen Tiefseeablagerungen eigentlich „Eiszeitablagerungen"; das ist sicher eine große Ausnahme in der Erdgeschichte. In Zeiten aber, in denen die kalten Polarströme fehlen, mögen weite Räume der Ozeane sauerstoffarmes oder sauerstoffloses Wasser geführt haben. Wir finden z. B. im Obersilur und im Lias versteinerte Faulschlamme und Gyttjen in weiter Verbreitung.

Auch in den Ablagerungen des Mündungsgebietes von Flüssen (Deltas) ist der organische Gehalt meist klein; TRASK fand ihn im Maximum zu etwa 4,6 %. — In den Ablagerungen der Flüsse selbst ist aber der organische Gehalt gelegentlich hoch; WETZEL fand bis 22 %. — In den Wattenablagerungen ist der organische Gehalt gering (meist 1—3 %); er nimmt mit der Feinheit des Korns der Ablagerungen zu. — Wir dürfen das wohl darauf zurückführen, daß die Ablagerungen der Deltas und Watten große flache Meeresböden sind, deren Ablagerungen von den Strömungen hin und her getrieben, und wieder und wieder umgelagert werden, während in Tiefstellen ruhig fließender Flüsse eher die Bedingungen stillen Wassers gegeben sind, die für die Erhaltung der organischen Stoffe nötig sind.

Diese Bedingungen stillen Wassers finden wir natürlich am ehesten in abgeschnürten Meeresbuchten, wie im Firth of Clyde (Schottland), im Limfjord (Dänemark) und anderen Fjorden, in südrussischen Limanen (durch Landzungen abgeschnürte, abgesunkene Flußmündungen) usw. Ferner findet sich stilles Wasser im toten Winkel zwischen verschiedenen Strömungen. Das trifft besonders auch für die Mitte von Strömungskreisen zu; diese Strömungskreise sind Wirbel in ganz großem Stil. So wird der Finnische und Bottnische Meerbusen von je zwei Strömungskreisen beherrscht. Das Schwarze Meer wird durch den Vorsprung der Krim-Halbinsel in zwei Teile geteilt, deren jeder von einem Strömungskreis beherrscht wird. In der Mitte der Strömungskreise ist das Wasser ruhig; dort werden die organischen Stoffe zusammengetrieben, dort bilden sich die an organischen Stoffen reichsten Ablagerungen, Gyttjen oder Faulschlamme. Auch an der Oberfläche des Meeres kann man das Zusammentreiben organischer Stoffe im Innern der Stromwirbel oft erkennen: wo nämlich treibende Algen zusammengetrieben werden, wie in den Sargassomeeren (z. B. im Atlantik vor Mittelamerika).

Aber auch tiefliegende Stellen des Meeresbodens können stilles Wasser enthalten, wenn nämlich die Strömungen über diese Stellen weggehen. Das ist allerdings nur dort möglich, wo es keine kalten Bodenströme gibt; denn das kalte Wasser dieser Bodenströme ist schwerer als das übrige Wasser und sinkt daher stets zu den tiefsten Stellen. –

Der organische Gehalt des Meeres ist in erster Linie abhängig vom Leben „autotropher" Pflanzen, die ihren Körper aus anorganischen Stoffen aufbauen. Alle anderen Lebewesen (Pilze und Tiere) leben von der Substanz solcher Pflanzen. Längs der Meeresküste finden wir häufig Gürtel von Algen oder höheren Pflanzen, die im Boden wurzeln; wer Helgoland kennt, wird sich an den Blasentang (*Fucus vesicularis*) erinnern, wer die Ostsee kennt, wird an das Seegras (*Potamogeton*) denken. Im Bereiche solcher Küsten (z. B. in den dänischen Fjorden) wird die Hauptmenge der organischen Stoffe von solchen bodenfesten Pflanzen geliefert. Wesentlich und von größter Bedeutung ist es, daß die tote Pflanzensubstanz dieser Gürtel aber nicht da abgelagert wird und erhalten bleibt, wo diese meerischen Wiesen wachsen. Die Meereswiesen wachsen in bewegtem Wasser mit Sand- oder Steingrund. Tote organische Stoffe, die an solchen Stellen abgelagert werden, verwesen. Daher verschwindet die organische Substanz aus den Sanden der Seegraszone zum größten Teil. Losgerissene Pflanzenreste und zerfallene, tote Pflanzenteile aber werden zu den Stellen küstenferneren, tiefen, ruhigen Wassers getrieben und dort zusammen mit den feinsten mineralischen Teilchen, der Tontrübe, abgelagert.

Die Zunahme des organischen Gehaltes mit abnehmender Korngröße der Ablagerungen haben wir schon erwähnt. Das hat folgende Ursache: Die organischen Stoffe sind wenig schwerer als Wasser, sie schweben daher leicht im Wasser und werden auch von ganz leichten Strömungen mitgenommen; auch haben die organischen Stoffe die Form von Blättern, Stengeln, Fäden usw.; die Schwebewesen (Plankton) haben oft Gittergerüste mit langen Nadeln als besondere Schwebeeinrichtung; die Tange haben oft gasgefüllte Blasen, um leichter zu sein; all das hilft zum Schweben und hindert das Absinken. Nur in ganz ruhigem Wasser sinken solche Stoffe zu Boden, in bewegtem Wasser treiben sie, bis sie verwesen. Die mineralischen Stoffe aber sind meist 2,5- bis 3 mal schwerer als Wasser und ihre Form ist die gedrungener Körner; diese Mineralkörner sinken daher rasch unter, und es bedarf einer beträchtlichen Wasserströmung, um sie in Bewegung zu halten. Je kleiner aber ein Körper ist, desto größer ist das Verhältnis Oberfläche geteilt durch Volumen, und desto leichter wird ein solches Körnchen von den Wasserbewegungen in Schwebe gehalten. (Man stelle sich vor, daß man einen Körper zerbricht. Dabei bleibt das Volumen gleich, der Durchmesser der Teilstücke ist kleiner, die Gesamtoberfläche ist um die Bruchflächen vergrößert worden.) Wo also das Wasser so ruhig geworden ist, daß sich die organischen Reste ablagern, dort führt das Wasser schon lange keine Sandkörner mit sich; nur noch die allerfeinste Tontrübe schwebt in solchem Wasser. Darum also nimmt der Gehalt an organischen Stoffen zu, wenn die Korngröße der Ablagerungen abnimmt. Andererseits schützt auch der Ton die organischen Stoffe nach der Ablagerung; die winzigen schuppenförmigen Tonteilchen haften fest aneinander, wenn sie erst einmal abgelagert sind; sie werden daher nicht leicht wieder von bewegtem Wasser aufgearbeitet. Dagegen berühren die großen runden Sandkörner einander nur an wenigen Punkten, auch sind sie zu groß, um fest aneinanderhaften zu können. Darum ist Sand, wenn seine Hohlräume mit Wasser oder Luft erfüllt sind, leicht beweglich und wird auch nach Ablagerung leicht wieder aufgewirbelt. (Feuchter Sand dagegen, dessen Körner mit einer Wasserhaut umzogen sind, dessen Poren aber Luft enthalten, hält fest zusammen.) — Auch schützt der Ton vor Wasserbewegung innerhalb der Ablagerung; denn in den winzigen schlitzartigen Poren bewegt sich das Wasser nur sehr schwer, während es sich in den großen Poren der Sande recht leicht bewegt.

In den meerischen Gyttjen nimmt der Stickstoffgehalt der Ablagerungen von oben nach unten ab; darin zeigt sich die Zersetzung der stickstoffhaltigen Eiweißstoffe innerhalb der Gyttjen. Innerhalb der Faulschlamme des Schwarzen Meeres dagegen nimmt der Stickstoffgehalt mit der Tiefe zunächst zu, dann ein wenig ab. Das Verhältnis von Kohlenstoff zu Stickstoff ist in den heutigen Gyttjen etwa 10:1, im Faulschlamm etwa 6:1; darin zeigt sich die Erhaltung der stickstoffhaltigen Eiweißstoffe im Faulschlamm.

In den dänischen Fjorden wird im Herbst so viel Material der Seegras- und Algenwiesen abgelagert, daß es zu keiner regelrechten Besiedlung durch Schlammfresser kommt; es bilden sich zwar typische Gyttjen mit brauner Oberflächenzone und schwarzer Tiefenzone, aber die Durchwühlung und die Exkremente der Bodenfresser fehlen. Dagegen sind ärmere Ablagerungen oft reich mit Schlammfressern und Zerreibselfischern besetzt; so z. B. die deutschen Watten. Der Schlamm der Watten wird von Schlammfressern durchwühlt und als Exkrement neu abgelagert. Wir können das besonders gut am Strand beobachten. In unseren Breiten sind es meistens Würmer (Sandwurm = *Arenicola*, Abb. 24) und kleine Krebse (*Corophium*); in den Tropen sind besonders Krabben und Schnecken mit diesem Absuchen und Durchfressen der Oberfläche beschäftigt (Abb. 25). Unter Wasser schlürfen auch Muscheln mit langen schlauchförmigen Siphonen den oberflächlichen Schlamm. Die Auswurfstoffe (Exkremente) dieser Schlammfresser haben natürlich weniger organische Stoffe als der ursprüngliche Schlamm, denn etwas ist ja von den Tieren verdaut worden.

Bei den Zerreibselfischern ist es anders. Das sind Tiere, die auf oder in den Ablagerungen siedeln und mit ihren Fangarmen (Tentakeln) oder Saugschläuchen (Siphonen) aus dem freien Wasser kleine Lebewesen und ganz besonders totes Zerreibsel von organischen Stoffen fischen. Zu diesen Tieren gehört z. B. die „Sandkoralle“ (*Sabellaria*, ein Wurm); die Miesmuschel (*Mytilus edulis*); Austern usw. Die Zerreibselfischer, und auch die Räuber (z. B. der Wurm *Nereis*), fressen ja keinen Schlamm, sondern sie trachten möglichst nur organisches Material zu fressen; ganz ohne mineralische Teilchen geht das natürlich in dem schmutzigen Wasser nicht ab, aber trotzdem ist die Nahrung dieser Tiere sehr viel reicher an organischen Stoffen als die Nahrung der Schlammfresser; und auch die Exkremente der Zerreibselfischer sind noch reicher an organischen Stoffen als der Schlamm. Aber nur in so armen Ablagerungen wie den Wattenschlicken bilden solche Exkremente die wesentliche Form der Anreicherung organischer Stoffe. Der organische Gehalt der Wattenablagerungen ist so gering, daß man sie gar nicht als Gyttjen, sondern höchstens als Gyttjasande oder Gyttjatone bezeichnen kann.

Auch die Anreicherung organischer Stoffe in den Exkrementen der Zerreibselfischer liefert nur Ablagerungen mit weniger als 10 % organischen Stoffen. Rechnet man nun, daß die Stickstoff- und Sauerstoffverbindungen noch im Laufe der Umbildung abfallen, so sieht man, daß in diesen Ablagerungen höchstens einige Prozent organischer Stoffe erhalten bleiben können.

Im Schwarzen Meer fand die Tiefseeexpedition der Sowjetunion folgende Verhältnisse: Das Wasser des Schwarzen Meeres enthält vollen Sauerstoffgehalt nur in den obersten 50 m; darunter nimmt der Sauerstoffgehalt ab. An den Küsten finden sich geringe Mengen Sauerstoff bis 200 m, im freien Meer aber nur bis 100 m Tiefe; darunter liegt sauerstoffloses, schwefelwasserstoffhaltiges Wasser, bis zu Tiefen von mehr als 2000 m. Nur im Bereich des sauerstoffhaltigen Oberflächenwassers leben an der Küste bodenständige Tiere und Pflanzen, im freien Meer schwimmende (Fische, Krebse usw.) und schwebende (Plankton) Lebewesen; die sauerstofflose Tiefe enthält nur sauerstoffeindliche Spaltpilze (Bakterien). An der Küste finden sich auf riesigen Flächen (nachgewiesen über 2750 qkm) freitreibende Wiesen der Alge *Phyllopora rubescens*. –

Abb. 24. Kothäufchen des Sandwurmes (*Arenicola*). Minsener Oldoog, Jadebusen, 1929.

Das Schwarze Meer wird von zwei Strömungskreisen durchzogen; die Teilung des Meeres ist durch den Vorsprung der Krim-Halbinsel verursacht. Die Bodenablagerungen des Schwarzen Meeres sind — mit Ausnahme der Küstensande — alle durch Schwefeleisen schwarz oder grau gefärbt. Ungefähr in der Mitte jedes der beiden Strömungskreise bilden sich die an organischen Stoffen reichsten Ablagerungen. Es sind dies

Abb. 25. Krabbenhügel. Sha Tin bei Hongkong. 1931.
Bleistift als Maßstab.

typische feingeschichtete Faulschlamme, mit 23 bis 35% organischer Substanz. Wo tonige mit kalkigen Ablagerungen wechseln, ist der organische Gehalt stets in den tonigen Schichten höher. Der Stickstoffgehalt des Faulschlammes nimmt innerhalb der Ablagerung zuerst etwas zu, dann etwas ab. Das Verhältnis von Kohlenstoff zu Stickstoff beträgt etwa 6:1, in randlichen Ablagerungen sogar bis 4:1. Der Faulschlamm hat einen Chlorophyllgehalt von 74 bis 99 mg auf je 100 g lufttrockenen Schlammes; während im Kalkfaulschlamm etwa 12 mg, und in Gyttjen und Gyttjatonen 0,2 bis 3,3 mg angetroffen werden. Auch hat der Faulschlamm beträchtliche Gehalte an den Metallen Vanadium und Kupfer (0,05% Vanadium, 0,01% Kupfer), während in Gyttjen und mineralischen Ablagerungen nur sehr wenig oder gar kein Vanadium und Kupfer gefunden wurden.

Ferner wurden vom Schiff „Erster Mai" auf 44° 35′ nördlicher Breite und 35° 0,47′ östlicher Länge aus 920 m Tiefe mit dem Schlamm weiße vaselinartige und gelbe ölartige organische Stoffe zutage gefördert. Es ist möglich, daß dies Übergangsstufen zum Erdöl sind.

Wichtig ist hier noch folgendes: In sauerstoffhaltigem Wasser verwesen die organischen Stoffe zu Wasser und Kohlensäure. Im Schwarzen Meer ist aber die sauerstoffhaltige Wasserschicht nur 50—200 m dick; darunter liegen dann bis mehr als 2000 m sauerstofflose, Schwefelwasserstoff führende Tiefenwasser. Die Leichen der im Oberflächenwasser lebenden Tiere und Pflanzen unterliegen nur solange der Verwesung, als sie im Oberflächenwasser sind; haben sie dieses durchsunken, so gibt es keine Verwesung mehr, obwohl die Leichen noch lange nicht am Boden angelangt sind. Nicht ein langer Sinkweg als solcher, sondern nur ein Sinkweg innerhalb sauerstoffhaltigen Wassers ist der Erhaltung organischer Stoffe feindlich. Nicht alle Tiefseeablagerungen müssen arm an organischen Stoffen sein, sondern nur solche Tiefseeablagerungen, die unter einer mächtigen Schicht sauerstoffhaltigen Wassers liegen. Nicht nur Flachwasserablagerungen, und nicht nur küstennahe Ablagerungen sind reich an organischen Stoffen (Kohlenwasserstoffen): die sehr kohlenwasserstoffreichen Faulschlamme des Schwarzen Meeres sind Ablagerungen küstenferner Tiefsee. Auch ist zur Ablagerung von kohlenwasserstoffreichen Ablagerungen durchaus keine andauernde Senkung des Meeresbodens erforderlich: im Schwarzen Meer könnten sich 1000 m Schlamm ohne Senkung des Meeresbodens ablagern, ohne daß in dem dann immer noch über 1000 m tiefen Meer die Ablagerungsbedingungen geändert würden.

Überblicken wir kurz die Ergebnisse: mineralische Ablagerungen, Gyttja, und Faulschlamm, sind im Meere ebenso wie in Seen (s. S. 86) gekennzeichnet als Ablagerungen frischen, bzw. stillen, bzw. faulen Wassers. Der Gehalt an organischen Stoffen nimmt zu an den Küsten, ganz besonders in geschützten Buchten und Tiefs; der Gehalt an organischen Stoffen nimmt zu, wenn die Korngröße der mineralischen Stoffe abnimmt. Größere Anreicherungen organischer Stoffe finden wir in den Gyttjen der dänischen Buchten, wo das Material der Algen- und Seegraswiesen in solchen Mengen abgelagert wird, daß eine Besiedlung durch Schlammfresser nicht aufkommt. Besonders aber reichern sich die organischen Stoffe im Faulschlamm des Schwarzen Meeres an, und zwar in den stillen Mitten der Strömungskreise. Die Tiefseeablagerungen des Schwarzen Meeres haben hohe Gehalte an organischen Stoffen, während die Tiefseeablagerungen der großen Ozeane nur ganz geringe Gehalte organischer Stoffe enthalten; denn in den großen Ozeanen verwesen die Stoffe, während sie durch mehrere tausend Meter sauerstoffhaltigen Wassers absinken; im Schwarzen Meer aber können die Stoffe nur während des Absinkens durch die obersten hundert Meter verwesen, darunter liegt sauerstoffloses Wasser, in dem es keine Verwesung mehr gibt.

Im Faulschlamm bleibt der Stickstoffgehalt der organischen Stoffe erhalten, in den Gyttjen dagegen nimmt der Stickstoffgehalt rasch ab. Im Faulschlamm reichert sich Chlorophyll bis aufs hundertfache des Gehaltes der normalen Gyttjen an. Auch in Algengyttjen wird Chlorophyll stark angereichert, während in Ablagerungen frischen Wassers Chlorophyll rasch verwest. Im Faulschlamm reichern sich auch die Metalle Vanadium, Molybdän, Nickel, Kupfer, an, wahrscheinlich infolge Fällung aus dem schwefelwasserstoffhaltigen Wasser über dem Faulschlamm; in den Gyttjen und mineralischen Ablagerungen sind diese Metalle meist nur in sehr geringen Mengen vertreten oder fehlen ganz.

Ziehen wir nun den Vergleich zu den versteinerten Ablagerungen: Die mineralischen Ablagerungen finden wir überall ohne nennenswerten Gehalt an organischen Stoffen wieder — wenn sie nicht zufällig später einmal da oder dort mit fertigem Erdöl getränkt worden sind. Diese Tränkungen sind aber stets ganz örtlich und unregelmäßig, und ohne jede Beziehung zur Gesteinsausbildung und dem Versteinerungsinhalt dieser Ablagerungen.

Die versteinerten Gyttjagesteine erkennen wir an der Lebewelt. Wir finden die Hartteile, Spuren und Bauten von Lebewesen, die den Boden auf Nahrung absuchten (z. B. die Wurmspuren „*Chondrites*“ in Posidonienschiefer); von Muscheln finden wir besonders solche Formen, die lange Siphonen (Schläuche für die Wasser- und Nahrungszufuhr und -abfuhr) besitzen. Diese bodenständigen Lebewesen finden wir zwar oft in großen Mengen, aber alle Tiere gehören nur wenigen Arten an, eben j e n e n Arten, die im Gyttjaschlamm leben können. Dagegen finden wir in meerischen Ablagerungen f r i s c h e n Wassers oft allein die Weichtiere mit 200 bis 300 und mehr Arten vertreten. Dann sind die versteinerten Gyttjen auch gekennzeichnet durch Schwefelkies, der sich aus dem Schwefeleisen der schwarzen Faulzone bildet; und entsprechend dem Gehalt der heutigen Gyttjen an organischen Stoffen finden wir auch in den versteinerten Gyttjen meistens einen Gehalt von kohligen oder bituminösen organischen Stoffen. Bitumengehalt und Schwefelkies färben die meisten versteinerten Gyttjen und Gyttjagesteine (Gyttjatone usw.) dunkel bis schwarz.

Die Trennung einer sauerstoffhaltigen Oberflächenzone von einer tieferen Faulzone, die so kennzeichnend für Gyttjen ist, ist nicht erhaltungsfähig. Sobald neue Ablagerungen die Gyttja überdecken, rückt die Faulzone höher und ergreift das, was früher Oberflächenschicht war. Diese Zonen der Gyttjen sind Zeichen der Bodenumbildung, und sind daher in dem umgebildeten, fertigen Sediment wieder verschwunden.

In Gyttjen und Faulschlammen findet man Reste von Lebewesen, die im Wasser über dem Ablagerungsraum schwammen oder schwebten; von schwimmenden Tieren z. B. Fische, Tintenfische (Goniatiten, Ammoniten) usw., von schwebenden Lebewesen besonders die skelettragenden Kleinlebewesen der Kieselalgen (Diatomeen), Geißeltierchen (Coccolithen, Silicoflagellaten), Strahlentierchen (Radiolarien) und Kammerlinge (Foraminiferen); im Erdaltertum auch die quallenähnlich lebenden Graptolithen. Da diese schwimmenden und schwebenden Lebewesen vom Ablagerungsraum (dem Meeresboden) unabhängig sind, können sie nicht zur Kennzeichnung der Ablagerungen verwendet werden. Manche derartige Reste (Fischschuppen, Panzer von Insekten und Krebschen, Graptolithen usw.) finden wir fast nur in Gyttja und Sapropel erhalten; das deshalb, weil diese Reste aus organischen Gerüststoffen (Chitin, Horn) bestehen, die im frischen Wasser verwesen.

Die versteinerten Faulschlamme erkennen wir daran, daß sie niemals Reste oder Spuren von Bodentieren enthalten; insbesondere fehlen ihnen die Kotballen, die für viele Gyttjen kennzeichnend sind. Da aber auch auf Gyttjen manchmal das Bodenleben fehlen kann, so ist dieses Fehlen noch kein absoluter Beweis für die Faulschlammnatur. Wenn allerdings eine Ablagerung auf große Erstreckung nirgends Bodenleben enthält, dann ist der Schluß auf Faulschlammnatur der Ablagerung zulässig.

Eine scharfe Trennung von versteinerten Gyttjen und Faulschlammen gelingt durch die chemische Untersuchung: gewöhnliche versteinerte Gyttjen

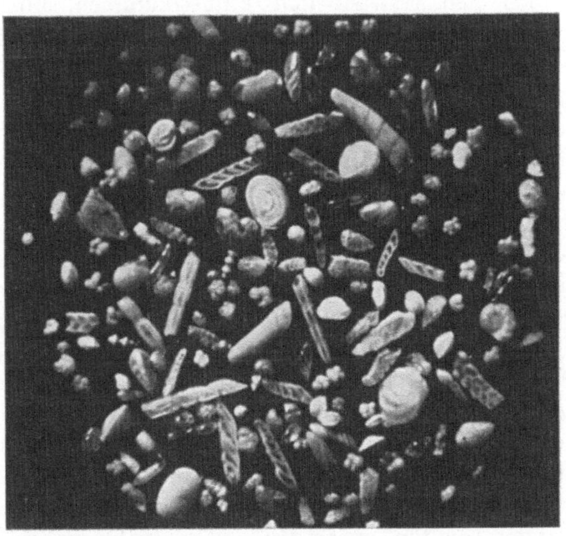

Abb. 26. Kammerlinge (Foraminiferen) aus hartem Tonstein einer deutschen Erdölbohrung. Erdmittelalter. 25 mal vergr. Dr. Wicher phot.

haben sehr viel weniger Porphyrine (z. B. Chlorophyllabkömmlinge) als Faulschlamme, denen allerdings die Algengyttjen gleichstehen; der Stickstoffgehalt der organischen Stoffe und der Metallgehalt ist in den versteinerten Gyttjen um ein Mehrfaches niedriger, der Bromgehalt um ein Mehrfaches höher als in den Faulschlammen gleichartiger Ablagerungsräume. Das Verhältnis Kohlenstoff: Stickstoff liegt bei typischen Faulschlammen unter 70, bei typischen Gyttjen über 100.

Wie bei den Kohlen- und Süßwasserablagerungen, so ist es auch bei den meerischen Ablagerungen organischer Stoffe: wir finden eine sehr große Menge von Ablagerungen, die etwa durch Kohle oder Bitumen dunkel gefärbt sind; aber wirkliche

Kohlen und brauchbare Bitumgesteine sind selten, denn Voraussetzung für die Brauchbarkeit ist ein sehr hoher Gehalt an organischen Stoffen. Natürlich gibt es alle Übergänge von mineralischen Ablagerungen, die praktisch frei von organischen Stoffen sind, zu den Gesteinen mit hohem organischen Gehalt. Aber die Ablagerungen frischen Wassers, ohne organische Stoffe, sind in der ungeheuren Überzahl; und auch bei den Ablagerungen mit organischem Gehalt, bei den Gyttjen und Faulschlammen, überwiegen weitaus Gesteine mit niedrigem organischen Gehalt. Auch finden sich im Meere kaum jemals derartige Anreicherungen organischer Stoffe wie etwa in Süßwasserseen und Sümpfen. Denn die eigentlichen Moore, die hauptsächlich aus Sumpfmoos und anderen niedrigen Pflanzen bestehen, wachsen nur im Süßwasser. Die Süßwasserseen stehen oft in einer Umgebung mit reichem Pflanzenwuchs; ihnen werden oft aus der ganzen Umgebung organische Stoffe zugeführt, und jedenfalls erhalten sie von allen Seiten festländische Verwitterungsstoffe, die, wie wir sahen, ein wichtiger Dünger für das Leben der Pflanzen sind. Auch sind die Seebecken kleine Vertiefungen, in denen daher die Strömungen leicht oberflächlich bleiben, und in denen leicht auch eine Schichtung von leichtem, warmem über tiefem, kaltem Wasser einer Durchmischung entgegenarbeitet. Zuführung und Selbsterzeugung von organischen Stoffen, und günstige Erhaltungsbedingungen, helfen zusammen; aber trotzdem sind auch unter Seeablagerungen — von den Algengyttjen (Bogheads) abgesehen — reine Ablagerungen organischer Stoffe eine Seltenheit, und Faulschlammgesteine (Kohlenölschiefer), die zur Hälfte aus organischen Stoffen bestehen, gelten schon als gut. — Im Meere aber, wo eine Zufuhr organischer Stoffe vom Lande meist nur von geringer Bedeutung ist, und auch die Düngung durch Verwitterungsstoffe sich meist auf große Wassermassen verteilen muß; wo auch starke und tiefe Strömungen die Ufer bespülen und täglich die Gezeiten an der Durchmischung der Wasser arbeiten: Im Meere finden sich die Gelegenheiten zu sehr reichen Anhäufungen organischer Stoffe noch seltener als in Süßwasserseen. Aber doch finden wir gelegentlich auch versteinerte Gyttjen und Faulschlamme, die zur Hälfte aus organischen Stoffen bestehen.

Es ist ja nicht etwa so, daß die Gyttjen weniger organische Stoffe besitzen müßten als die Faulschlamme. Der Unterschied zwischen Gyttja und Faulschlamm liegt nur in der Art der Umbildung der organischen Stoffe, nicht in der Reinheit der Ablagerung. Sowohl von Gyttja als von Faulschlamm gibt es alle Übergänge zu rein mineralischen Ablagerungen, und von beiden Typen sind auch rein organische Ablagerungen denkbar. Tatsächlich bekannt sind aber rein organische Ablagerungen nur von den typischen Kohlen und von den Bogheads (das sind Algengyttjen, die statt mit mineralischen Stoffen mit Humusstoffen oder Torfstoffen [Dy] vermengt sind).

Die Umgebungsbedingungen von Gyttja und Faulschlamm sind einander recht ähnlich; es kommt daher oft vor, daß in Gyttjen Einlagerungen von Faulschlamm auftreten, die sich meist durch höheren organischen Gehalt auszeichnen. Denn wenn mehr organische Stoffe abgelagert werden, dann wird auch der vorhandene Sauerstoff rascher aufgezehrt, und diese Bedingungen führen leicht zur Faulschlammbildung. Solche Faulschlammlagen finden sich z. B. im miozänen Glimmerton Norddeutschlands; in den Faulschlammlagen fehlen die Exkremente, die sonst im Glimmerton nachweisbar sind, und ihn als Gyttja kennzeichnen. Es ist sehr kennzeichnend, daß der Gehalt an Bitumen in diesen Faulschlammlagen um das Mehrfache größer ist als in den normalen kohligen Gyttjatonen.

Die verschiedenen Arten der meerischen Ablagerungen organischer Stoffe sind für die Bildung der verschiedenen Bitumina von ausschlaggebender Bedeutung. Wir müssen daher solche versteinerte Ablagerungen, und die Art des Bitumens in ihnen, noch näher betrachten.

In den gewöhnlichen Gyttjen scheint die organische Substanz, soweit sie erhalten blieb, meist zu festem Gesteinsbitumen geworden zu sein. Die Ursache liegt wohl in der Verwesung der leicht zersetzlichen Stoffe in der Oxydationszone der Gyttjen. Wie es alle Übergänge von Gyttja zum Faulschlamm gibt, so gibt es auch alle Übergänge von kohligen Gyttjagesteinen zu Gesteinen mit ölverwandtem Bitumen, mit Öltröpfchen usw.

Andere Umbildungen erfährt die organische Substanz der

Algengyttjen. Die Ursache liegt wohl in der mangelnden oder geringen bakteriellen Zersetzung, die aus der Erhaltung der Körperformen und Gewebestrukturen der Bitumbildner (Algen) zu erkennen ist. Unter diesen Umständen bildet sich Kerogen, das ist freies gelbes bis kresses Gesteinsbitumen. Als typisches Beispiel eines solchen Gesteins erwähnen wir den estnischen Brennschiefer „Kuckersit". Der Kuckersit besteht etwa zur Hälfte aus organischer Substanz in der Form von hellbraunem festen Gesteinsbitumen. Dieses besteht zum größten Teil aus Algen (*Gloeocapsomorpha*), deren Form sehr gut erhalten ist; der Kuckersit entspricht demnach einer Algengyttja. Der Kuckersit enthält nur wenig Stickstoff; das Verhältnis von Kohlenstoff zu Stickstoff ist etwa 300 : 1. Dagegen enthält der Kuckersit etwa 20 mal mehr Brom als die Faulschlammgesteine. Der Gehalt an Metallen im Kuckersit ist sehr gering. Auch chemisch entspricht also der Kuckersit einer meerischen Gyttja. Der Kuckersit enthält eine große Menge von Resten kalkschaliger Tiere; einige dieser Tiere, wie die besonders häufigen Moostierchen (Bryozoen) und die Muschelwürmer (Brachiopoden) waren an die Algen angeheftet, andere Tiere schwammen zwischen den Algen oder krochen auf ihnen herum, so z. B. die Dreilappkrebse (Trilobiten). Auf den treibenden Algen der heutigen Sargassomeere finden wir ebenfalls hauptsächlich Moostierchen aufgewachsen, und auch wer bei Helgoland Blasentang fischt, wird leicht diese weißen Krusten entdecken, die bei stärkerer Vergrößerung sehr zierlich aussehen. Wir können vielleicht den Kuckersit am ehesten mit den treibenden Algenmassen vergleichen, die an der Küste des Schwarzen Meeres in riesiger Ausdehnung (nachgewiesen über 2750 qkm) vorkommen, und von Wind und Wellen verfrachtet, meist in küstenparallele Wälle zusammengetrieben werden.

Im Kuckersit haben wir also ein meerisches Gyttjagestein (Algengyttja), das sehr reich an organischen Stoffen ist. Wohl kann man aus dem Kuckersit durch Destillation Öl gewinnen; aber keinerlei natürliche Erdölvorkommen sind an die Verbreitung des Kuckersits geknüpft.

Von Faulschlammgesteinen erwähnen wir zunächst die des Jungtertiärs am Kaukasus. In diesen jungen Ablagerungen finden wir alle jene Kennzeichen wieder, welche wir in den Faulschlammen des Schwarzen Meeres kennengelernt haben. Es sind ja Ablagerungen eines größeren alten Schwarzen Meeres, das den Raum des heutigen Kaspisees noch mit umfaßte. In diesem älteren ausgedehnteren Becken lagerte sich ein Faulschlamm ab, der dem Faulschlamm des heutigen Schwarzen Meeres völlig gleicht, nur ist er etwas fester geworden; es ist heute ein feinstgeschichteter schwarzer bituminöser Ton. Dieser alte Faulschlamm steht in enger Beziehung zu den reichen Erdölvorkommen von Baku. Hier haben wir eine lückenlose Beweiskette von den heutigen zu den alten Ablagerungen, und von diesen zum Erdöl (ARCHANGELSKI).

In Rumänien finden wir Faulschlammgesteine zur Oligozänzeit (Alttertiär). Heute liegen die Ablagerungen als zwei Deckfalten übereinander und über ihrem Vorland (vgl. Abb. 12, S. 31). Ziehen wir diese Deckfalten wieder in ihre ursprüngliche Stellung zurück, so finden wir folgendes: Im späteren Oligozän lagerte sich im Gebiet der damaligen Küste (heute oberste Deckfalte) Sand ab; weiter weg von der Küste (heute mittlere Deckfalte) finden wir Sande und Tonsteine; ganz weit weg von der Küste (heute Vorland unter und vor den Decken) finden wir nur Tone. Im Deckengebiet finden wir an wenigen Stellen bodenbewohnende Tiere (Krabben, Fische), die eingeschwemmt sein mögen; sonst finden wir reichlich Fischreste, darunter Tiefseefische mit Leuchtorganen. Eigentliche Bodensiedler und Exkremente fehlen fast der ganzen sehr weit verbreiteten Ablagerung; die Feinschichtung ist nicht durch grabende Tiere oder Schlammfresser zerstört worden. Schwefeleisen und Bitumengehalt zeigen, daß organische Stoffe in reicher Menge abgelagert wurden. Es handelt sich offenbar um einen Meeresteil, dessen tiefstes Bodenwasser vergiftet war, so daß sich ein Faulschlamm bildete. Über dem vergifteten Bodenwasser aber muß eine hohe Schicht sauerstoffhaltigen Wassers gestanden haben, in dem die Tiefseefische leben konnten. Beim Durchsinken durch die sauerstoffhaltige Wasserschicht begann schon eine Verwesung der organischen Stoffe; in der Ablagerung finden wir daher einen ziemlich niedrigen Stickstoffgehalt. Die geringe Dicke der Schwefelwasserstoffzone zeigt sich auch darin, daß die fertige Ablagerung nur einen geringen Metallgehalt hat; denn diese Metalle werden vermutlich als Schwefelverbindungen in dem schwefelwasserstoffhaltigen Wasser niedergeschlagen. — Wir finden also in diesen küstennahen Ablagerungen ein recht tief durchlüftetes Wasser; ebenso ist heute im Schwarzen Meer das Wasser in Küstennähe tiefer durchlüftet als in Küstenferne. Die tiefe Durchlüftung des Wassers bringt es mit sich, daß die Faulschlammablagerungen in ihrer chemischen Ausbildung den Gyttjen nahestehen. Zwischen der Verbreitung dieser Ablagerungen und dem Auftreten der Öllagerstätten besteht kein Zusammenhang.

Anders ist es im Gebiet des Vorlandes (vgl. Abb. 12), das heute z. T. vor, z. T. unter den Deckfalten liegt. Hier finden wir alte Faulschlamme mit sehr wenigen Fischresten; die Ablagerung ist reich an Metallen (Vanadium, Molybdän, Nickel). Hier gab es offenbar eine dicke Schicht Schwefelwasserstoff-Wasser, und nur eine dünne Schicht sauerstoffhaltigen Wassers darüber. An die Verbreitung dieser Ablagerungen sind die Erdöllagerstätten geknüpft.

Es gibt aber auch weitverbreitete Faulschlammgesteine, die nicht mit Erdöllagerstätten zusammenhängen. Hierher gehören z. B. die Graptolithenschiefer, oder die schwedischen Alaunschiefer. Der Metallgehalt (Vanadium, Uran, Nickel, Molybdän) ist hoch, der Quotient Kohlenstoffmenge geteilt durch Stickstoffmenge, ist niedrig, 20—80. Wenn diese Faulschlammgesteine nicht mit Öllagerstätten zusammenhängen, so nehmen wir an, daß das durch eine ursprüngliche Armut an organischen Stoffen bedingt ist. Wir erwähnten schon oben, daß kohlige Gesteine viel häufiger sind, als nutzbare Kohlen, und daß auch bei den Bitumgesteinen die armen über die reichen weitaus überwiegen. Ein Teil des Bitumens wird stets als Haut um die Mineralteilchen festgehalten und dabei verändert. Wenn nicht mehr organische Stoffe da sind, als von den Mineralkörnern festgehalten werden können, dann bleibt kein Bitumen frei für die Erdölbildung.

Besonders in den Tonen wird sehr viel Bitumen festgehalten („absorbiert"), und zwar besonders die schweren dunklen Bestandteile. In den Kalkgesteinen (auch die Dolomite gehören dazu) schließen sich die Kalkteilchen später meist zu Kristallen zusammen, dabei werden die Teilchen größer, ihre Oberfläche also kleiner. (Man denke sich einen Würfel aus 8 gleich großen, kleinen Würfeln gebaut; beim Zusammenschluß der kleinen Würfel wird die Gesamtoberfläche auf die Hälfte verkleinert.) Durch das Abnehmen der Oberfläche können aber Stoffe, die an der Oberfläche hafteten, in Freiheit gesetzt werden. Kalke nehmen Unreinigkeiten leicht in den Kristallbau auf, Dolomitkristalle schieben die Verunreinigungen beim Weiterwachsen vor sich her. Dadurch werden die Verunreinigungen, also auch das Bitumen, zwischen den Kristallen angereichert. Es ist daher wohl möglich, daß bei der Umkristallisation von Dolomiten auch ein ursprünglich geringer Bitumgehalt so weit angereichert wird, daß er als Erdöl auswandern kann.

Wir finden aber auch Faulschlammgesteine mit hohen Bitumgehalten, die keine Erdöllagerstätten gebildet haben. So führen z. B. die Bitummergel des Hauptdolomits von Seefeld (Tirol) nur Asphalt. Trotz der Gebirgsfaltungen ist der hohe Bitumgehalt (bis zu 50 %) nicht weit ausgewandert. Außer Anreicherungen in dem Sattelscheitel (Urmigration im kleinen) finden wir gelegentlich noch benachbarte Kalke und Dolomite mit asphaltiertem Bitum erfüllt. Die Ursache dürfte folgende sein: der Hauptdolomit ist erst während der Gesteinsbildung aus einem Kalk zu einem Dolomit geworden. Kalk ist stärker wasserlöslich als Dolomit; solche Lösungen wirken asphaltbildend. Ganz besonders aber wirken schwefelsaure Lösungen asphaltierend; die Bitummergel haben hohe Schwefelgehalte. Das Vorhandensein schwefelsaurer und kohlensaurer Lösungen dürfte hier, wie meist in Kalken, zu einer frühzeitigen Asphaltierung des Bitumens geführt haben.

In Faulschlammgesteinen mit hohen Sulfidgehalten (Kupferschiefer, Schwarze Kreide) findet eine starke Kohlenstoffanreicherung im Bitumen statt, die bis zur Graphitbildung führen kann.

Salinare Ablagerungen.

Als salinare Ablagerungen bezeichnen wir Ablagerungen aus Wassern, die salziger sind als Meerwasser. Der Salzgehalt des Meerwassers beträgt im Mittel 3,55 %, im Extrem werden etwa 4—5% erreicht. Etwa bei 5—6% können wir die Grenze von Meerwasser und salinarem Wasser ziehen, wenn wir wieder den Einfluß des Salzgehaltes auf die Lebewelt als entscheidend betrachten. — Insbesondere aber gehören alle Ablagerungen hierher, die Ausscheidungen von Gips oder Salzen enthalten. —

Man hat früher gerne angenommen, daß konzentrierte Salzwasser einen konservierenden Einfluß auf organische Stoffe ausüben, und daher die Vorbedingungen für die Bildung von Ölmuttergesteinen seien. HECHT aber konnte zeigen, daß selbst konzentriertes (34% Salzgehalt) Meerwasser zwar die Verwesung etwas verzögert, aber bei Anwesenheit von Sauerstoff die Verwesung nicht zu verhindern vermag. Andererseits ist es richtig, daß wir zusammen mit Salz (bituminöses oder ölführendes Steinsalz; Knistersalz = gasführendes Steinsalz) öfters Bitumina finden; auch werden Steinsalzlager oft von bituminösen Gesteinen über- oder unterlagert. — Faulschlammbildung setzt Räume voraus, die so weit abgeschlossen sind, daß Tiefenströmungen nicht vorkommen. Eine Senkung des Meeresspiegels führt leicht zum völligen Abschluß einer derartigen Bucht, und bei genügend trockenem Klima zum Eindampfen des Wassers, wie heute im Kara Bugas (Kaspi). Umgekehrt würde eine Senkung des Landes aus einem solchen Salzsee eine nur halb abgeschlossene Meeresbucht machen können.

Der Kara Bugas ist eineBucht des Kaspi, mit diesem durch einen schmalen Seearm verbunden, durch den andauernd ein Strom Seewasser in die Bucht fließt; zurück fließt kein Wasser, der Zufluß gleicht nur die Menge des verdunsteten Wassers aus. Dieser Zufluß führt täglich etwa 350000 t Salz in die Bucht. Der Salzgehalt des Kara Bugas beträgt 16 bis 28 %, der Salzgehalt des offenen Kaspi etwa 1,3 %. Am Rande des Kara Bugas bilden sich Gipskristalle, in der Mitte scheidet sich Glaubersalz aus, aber nur im Winter, weil bei den sommerlichen Temperaturen der Sättigungsgrad nicht erreicht ist. Die hohe Konzentration des Wassers macht jegliches Leben außer Bakterien im Kara Bugas unmöglich. Die mit dem Zustrom zugeführten schwimmenden und schwebenden Lebewesen des Kaspi gehen daher im Kara Bugas zugrunde. Das salzarme Wasser der Strömung schichtet sich über das salzreiche, daher schwere Wasser der Bucht, so daß wir hier ein schweres unbewegtes Tiefenwasser vorfinden. Unter solchen Umständen können sich leicht Faulchlamme und Gips oder Salze gleichzeitig ablagern. Da aber die Menge der durch einen schmalen Meeresarm eingeschleppten Lebewesen sich auf eine weite Bucht verteilen muß, kommt davon auf die Flächeneinheit der Bucht nicht viel.

Die bituminösen Einlagerungen in Salzgesteinen sind meist nur dünn und recht arm an Bitumen. Wir finden solche Einlagerungen z. B. in rumänischen Salzmassiven. Im reinen weißen bis durchsichtigen, praktisch jodfreien Steinsalz finden wir Einlagerungen von dunklem bituminösem tonigem und anhydritführendem Salz, oder von bituminösem Ton mit Anhydrit oder Knistersalz. (Das Knistern entsteht durch die Gaseinschlüsse im Salz, die sich auf frischem Bruch oder beim Auflösen des Salzes in kleinen Explosionen befreien.) Je mehr Ton und Gips das Salz enthält, desto mehr Jod enthält es auch (erinnern wir uns, daß das Jod sich in Lebewesen des Meeres anreichert!). — Das weiße Steinsalz ist eine Ablagerung lebensleerer hochkonzentrierter Salzseen. In diese Salzseen ist nun offenbar zeitweise Meerwasser oder Süßwasser in solchen Mengen eingetreten, daß das Wasser bis unter die Sättigungsgrenze für Kochsalz verdünnt wurde; es kann sich da nicht gut um eine einmalige Sturmflut, sondern eher um eine länger dauernde Verschiebung gehandelt haben. Aus dem so verdünnten Wasser schied sich dann nicht mehr Kochsalz (das als Mineral Steinsalz heißt), sondern nur noch Anhydrit aus. Diese Strömungen brachten auch Tontrübe und eine Lebewelt mit; die Lebewesen aber mußten in der immer noch hochkonzentrierten Salzlösung sterben. Die Überschichtung des leichten zugeströmten Wassers schloß das Tiefenwasser vom Luftsauerstoff ab, und ermöglichte so die Bildung von Faulschlammablagerungen. So erklärt es sich, daß wir heute die Faulschlammprodukte Bitumen und Gas, das ursprünglich in Lebewesen angereicherte Jod, und die Tontrübe, zusammen finden mit einer Veränderung der Ausscheidungen von Salz zu Anhydrit.

Das Vorkommen von Erdöl an Salzstöcken hat mit diesen Beziehungen zwischen Salz und Erdöl nichts zu tun. Das Erdöl an den Salzstöcken gehört vielmehr meist den Mantelschichten an, die viel jünger sind als das Salz des Salzstockkernes. Lediglich der Bau der Salzstöcke bedingt die Bildung der „Ölaureolen": Beim Durchstoßen des Salzes quer durch die Schichten reißt ein Stern von Radialspalten auf, auf denen das Öl hochwandern kann. Die Mantelschichten werden am

Salzstock hochgeschleppt, Sande usw. der Mantelschichten geben da in ähnlicher Weise „Ölfallen" ab, wie in den Sätteln.

Die Katastrophenfrage.

Es gibt viele Erklärungsversuche der Ölbildung, die meinen, daß eine bedeutendere Ablagerung organischer Stoffe durch Katastrophen bedingt sein müsse. Tatsächlich sind zur Bildung nutzbarer Öllagerstätten große Mengen organischer Urstoffe nötig. Die Schwebewelt, aus der sich das Öl vorzugsweise bildet, besteht zu 90% und mehr aus Wasser; von dem organischen Rest fällt sicherlich wenigstens die Hälfte in Form sauerstoff-, stickstoff- und schwefelhaltiger Moleküle und von Erdgas bei den Umbildungen auf dem Wege zum Erdöl ab; auch von den eigentlichen Kohlenwasserstoffen wird ein Teil von den Mineralien des Gesteins festgehalten (adsorbiert). Höchstens ein Drittel bis ein Viertel der ursprünglichen, wasserfrei berechneten, organischen Substanz kann zu Öl werden. —

Sehen wir nun zu, wie viele organische Stoffe normalerweise in der See vorhanden sind. Der größte Teil der freien Ozeane hat weniger als 10 Schwebewesen im Kubikzentimeter der Oberflächenschicht des Wassers, nur ein kleiner Teil der Meere hat mehr als 100 Schwebewesen im Kubikzentimeter Oberflächenwasser; die Oberflächenschicht der Meere ist aber der Erzeugungsort aller organischen Substanz und auch (abgesehen vom Boden der schmalen Küstenstreifen) die Zone reichsten Lebens. So finden wir am Äquator von 0 bis 50 m etwa 10000 Schwebewesen im Liter, bei 200 m nur mehr 726, bei 400 m 261, von 3000 bis 5000 m rund 17 Schwebewesen je Liter (HENTSCHEL).

Die organische Trockensubstanz von je einer Million Stück Schwebewesen wiegt von Kopepoden 3,2 g, von Peridineen 0,016 g, von Diatomeen 0,00013 g (BRANDT, JENSEN); noch kleiner sind die Kokkolithophoriden, die einen großen Teil des Zwerglebens der Meere bilden.

Im Kieler Fjord finden sich in einer 20 m hohen Wassersäule vom Querschnitt 1 Quadratmeter, 2,2 g organische Trockensubstanz von Schwebewesen (Jahresmittel). Küsten, ganz besonders aber Fjorde, sind sehr reich an Schwebewelt, da Nährstoffe unmittelbar vom Lande reichlich zugeführt werden. Demgegenüber ist der freie Ozean eine Wüste, dessen blaues Wasser deutlich die Abwesenheit der grünen Schwebepflanzen verrät, die das Küstenwasser färben. Während nun im Kieler Fjord die Menge der auf einmal im Wasser vorhandenen organischen Stoffe 2,2 g Trockensubstanz je Quadratmeter beträgt, ist die Jahreserzeugung von organischen Stoffen etwa 70 g Trockensubstanz je Quadratmeter. Das zeigt, daß eine Katastrophe nur etwa den dreißigsten Teil der Menge organischer Stoffe liefern würde, die ganz normalerweise während eines Jahres lebt und stirbt. Und dieses Leben und Sterben dauert jahrein, jahraus, durch Jahrtausende. Und wenn auch in jedem Jahr noch nicht einmal ein Zehntelmillimeter abgelagert wird, wie in der Faulschlammzone des Schwarzen Meeres, so werden doch im Laufe geologischer Zeiten daraus die hunderte Meter feingeschichteten Faulschlammes, an dem wir heute z. T. sogar noch die Feinschichtung mit ihren Klimarhythmen ablesen können. Nicht ein einmaliges katastrophales Sterben schafft die riesigen Anhäufungen organischer Stoffe, sondern die ungeheure Vervielfältigungskraft des Lebens im dauernden Sterben und Werden während geologisch langer Zeiten.

6. Geochemie des Bitumens und seiner Begleiter.

Wir haben in Abschnitt II/2 (S. 41) gesehen, daß das Erdöl ebenso wie jede andere Flüssigkeit in den Gesteinen der Erdrinde wandern kann. Der Ort, an dem wir Erdöl heute finden, muß also keineswegs der Bildungsort des Erdöls sein; und das Erdöl der großen Ölvorkommen befindet sich bestimmt nicht mehr an seinem Bildungsort. Nun finden sich aber in den Ablagerungen verschiedene Stoffe, die zwar nur in geringen Mengen auftreten, aber sehr charakteristisch für die betreffenden Ablagerungen sind. Wir können nun untersuchen, mit welchem Ablagerungstypus das Erdöl in bezug auf diese charakteristischen Beimengungen übereinstimmt.

Wir finden nun, daß in den mineralischen Ablagerungen

frischen Wassers und in den Gyttjen die leicht zersetzlichen Stoffe durch Sauerstoffeinfluß zerstört werden. Im Erdöl dagegen finden wir solche Stoffe erhalten, so z. B. brunsterregende Wirkstoffe (Hormone), Cholesterin, zuckerähnliche Stoffe u. a. Ferner finden wir im Erdöl Abkömmlinge des grünen Pflanzenfarbstoffes Chlorophyll, und bestimmte Abkömmlinge des roten Blutfarbstoffs, nämlich Mesoätioporphyrin und Mesoporphyrin; diese Stoffe gehören alle zur Gruppe der Porphyrine. – Den Ablagerungen frischen Wassers fehlen Porphyrine, oder sie finden sich nur in ganz winzigen Mengen. – Allen Sumpfablagerungen, den Torfen und den daraus entstandenen Kohlen, fehlen die Abkömmlinge des Chlorophylls und ebenso Mesoätioporphyrin und Mesoporphyrin; diese Stoffe werden bei den ersten Stadien der Torfbildung bzw. Humusbildung durch Sauerstoffeinfluß zerstört. Dagegen findet sich im Torf und in den Humuskohlen ein anderer Abkömmling des roten Blutfarbstoffs, nämlich Deuteroätioporphyrin. – Gerade die Abkömmlinge des grünen Pflanzenfarbstoffes aber sind für das Erdöl sehr charakteristisch und finden sich in ihm oft in größeren Mengen. Außer im Erdöl finden sich nun die Abkömmlinge des grünen Pflanzenfarbstoffes, und auch Mesoätioporphyrin und Mesoporphyrin, angereichert in Faulschlammen, Algengyttjen und Gyttjakohlen (Cannelkohlen, Bogheads). – Das Erdöl unterscheidet sich durch seinen Gehalt an Porphyrinen deutlich von den Ablagerungen frischen Wassers und von den Humuskohlen; es gleicht in dieser Beziehung den Faulschlammen, Algengyttjen, und Gyttjakohlen.

Als sehr charakteristisch für die verschiedenen Ablagerungstypen haben sich die Gehalte an geringen Mengen verschiedener Metalle erwiesen, deren Untersuchung wir Prof. V. M. GOLDSCHMIDT in Göttingen verdanken. Die Aschen von Erdöl und Asphalt haben charakteristische Gehalte an Nickel, Vanadium, Molybdän und Kupfer; eine Anreicherung im Asphalt findet nur insofern statt, als sich im Asphalt alle nichtflüchtigen Bestandteile anreichern, also auch der Aschengehalt höher ist als beim Erdöl. Diese Metallgemeinschaft finden wir in gleicher Anreicherung nur im Faulschlamm wieder, nicht aber in Ablagerungen frischen Wassers, und kennzeichnenderweise auch nicht in Gyttjen, selbst dann nicht, wenn diese zur Hälfte aus organischen Stoffen bestehen (z. B. Kuckersit). Die Metalle sind nämlich wahrscheinlich durch Schwefelwasserstoff ausgefällt worden. Wo aber Schwefelwasserstoff im Wasser ist, dort ist kein Sauerstoff mehr, und wo kein Sauerstoff im Wasser ist, dort bilden sich keine Gyttjen sondern Faulschlamme.

Metallanreicherungen kommen wohl auch in Verwitterungsböden vor, sind dann aber weniger regelmäßig und betreffen eher einzelne Metalle als die Gesamtheit der erwähnten Metalle. Einzeln reichern sich diese Stoffe wohl auch sonst gelegentlich an, so z. B. Vanadium zusammen mit Phosphor in manchen Eisenerzen (KERTSCH.)

In den Gyttjen reichert sich z. B. Phosphor und Brom (Leipert), in den Kohlen Chrom und Germanium an.

Das Erdöl stimmt in seinem charakteristischen Metallgehalt nur mit den Faulschlammgesteinen überein.

Nun gibt es aber Faulschlamme sowohl im Süßwasser wie im Salzwasser, Chlorophyllgehalt und Metallgehalt zeigen da keinen Unterschied. Und auch die anderen Stoffe des Erdöls gestatten uns heute noch keinen direkten Schluß auf Süß- oder Salzwasserablagerung; aber zusammen mit dem Erdöl finden sich sehr charakteristische Salzwasser, die einen solchen Schluß ermöglichen.

In allen größeren Erdöllagerstätten finden sich zusammen mit dem Erdöl Salzwasser, die „Ölfeldwasser". Natürlich vermischen sich diese Wasser leicht mit anderen Wassern in den Erdschichten. Wir finden solche Wasser am ehesten in jungen Erdschichten unverändert erhalten. Auch können wir unveränderte Wasser nur dort erwarten, wo die wassertragenden Schichten nicht an die Erdoberfläche herauskommen; denn sonst dringt in die Schichten Regenwasser, Grundwasser, Flußwasser usw. ein und vermischt sich mit dem ursprünglichen Wasser der Schichten.

Wo wir solche Erdölbegleitwasser in jungen Ablagerungen und in gut geschützten tiefliegenden Schichten finden, dort besteht ihr Lösungsgehalt vorwiegend aus Kochsalz, daneben enthalten sie oft größere Mengen von Jod, Brom und Bor; ja auch Kalium kommt gelegentlich in größeren Mengen vor – auch in Gegenden, in denen Kalisalze völlig fehlen, wie z. B. in Rumänien. Man hat früher immer annehmen wollen, daß diese Wasser in den Schichten schon seit der Ablagerung der Schichten enthalten seien. Das stimmt aber sicherlich nicht; denn solche Wasser mit hohem Salzgehalt kommen in allen ölführenden Schichten vor, gleichgültig ob diese Schichten in Meerwasser oder Süßwasser abgelagert wurden. In Kalifornien sind solche Salzwasser aus Süßwasserablagerungen bekannt, die seit ihrer Bildung niemals unter das Niveau des Meeresspiegels versenkt waren. In Rumänien finden wir solche Salzwasser in Meerwasserablagerungen, in Brackwasserablagerungen jeden Salzgehalts, in Süßwasserablagerungen, und in den Ablagerungen von Wassern von der eigentümlichen Zusammensetzung des Kaspiwassers. Die Beschaffenheit des Salzgehaltes des Ablagerungsraumes ist an den Lebewesen deutlich abzulesen, aber das heute vorhandene Wasser ist grundsätzlich dasselbe in allen diesen verschiedenen Ablagerungen. Wohl schwankt seine Zusammensetzung stark, aber die Grenzen dieser Schwankungen sind überall dieselben. Und es ist nicht nur der Salzgehalt von Wassern, die wir in Süßwasserablagerungen antreffen, der uns stutzig machen muß; es ist ganz besonders auch der Jod- und Bromgehalt dieser Wasser, der auffällig ist. Denn Jod z. B. findet sich im Süßwasser und im Meerwasser nur in geringen Spuren; im Süßwasser etwa 0,3 bis 5 millionstel Gramm, im Meerwasser etwa 50 millionstel Gramm auf 1000 g Wasser; dagegen finden wir in den Salzwassern der Ölfelder oft das Tausendfache, 50000 und mehr millionstel Gramm Jod in 1000 g Wasser. Jod, Brom, Bor und Kali, diese auffälligen Stoffe der Begleitwasser des Erdöls, werden von meerischen Pflanzen aufgespeichert. Man könnte nun annehmen, daß das Erdöl, als es in die Schichten einwanderte, diese Stoffe an das in den Schichten vorhandene Wasser abgab. Wir finden diese Stoffe aber auch im Wasser von Schichten, in denen kein Erdöl vorkommt, z. B. im sogenannten artesischen Wasser des Pont (Unterpliozän) von Ceptura in Rumänien. Eine Wasserprobe dieser völlig ölfreien Schicht enthielt 1,5 g Jod auf 1 kg Eindampfungsrückstand des Wassers; wenn man Meerwasser eindampfen würde, würde man nur 0,0015 g Jod auf 1 kg Eindampfungsrückstand erhalten. Also aus der Eindampfung des Wassers kann diese Jodanreicherung nicht erklärt werden. Ähnlich ist es mit Brom und Bor. Die Anwesenheit von Kali kann in Gegenden, wo Kalisalze vorkommen, von der Auslaugung dieser Salze herrühren. Wenn wir aber in Rumänien, wo keine Kalisalze vorkommen, bis zu 16,05 g Kalium im Liter Wasser (gleich 25,5% des Eindampfungsrückstandes) finden, so gibt das zu denken. Daß wir Kalium im Wasser wenig häufiger treffen als Jod, Brom und Bor, ist darin begründet, daß Kalium von den Tonen begierig aufgenommen und festgehalten wird, also in den Erdschichten dem Wasser leicht entzogen werden kann.

Wenn organische Stoffe verwesen, dann bildet sich Kohlensäure und Wasser. Die organischen Stoffe selbst enthalten viel Sauerstoff; dieser Sauerstoffgehalt verschwindet bei der Bitumenbildung, d. h. die organischen Stoffe spalten sauerstoffhaltige Verbindungen, darunter auch Wasser, ab. Auch bestehen alle Lebewesen zum größten Teil aus Wasser (der Mensch etwa zu zwei Dritteln, Wasserpflanzen meist zu 80 bis 90%, Schwebewesen, z. B. Quallen, bis zu 99%). Solches Wasser wird bei der Zersetzung der organischen Stoffe frei und mischt sich mit dem aus den organischen Stoffen selbst gebildeten Wasser. Das so entstandene Wasser muß sich nun mit allen löslichen Bestandteilen der Faulschlamme beladen; also mit den Salzen (Kochsalz, Kalisalz), die in den Pflanzen und Tieren vorhanden waren, und mit solchen Stoffen, die erst bei der Zersetzung frei werden, wie wir das oben vom Brom erwähnten, und z. T. auch mit solchen Stoffen, welche die Tonteilchen aus dem Meerwasser an sich gezogen haben. Diese Wasser wandern dann wie das Erdöl, und weil das Wasser beweglicher ist, eilt es oft dem Erdöl voraus. Wir finden solche Wasser innerhalb einer erdölführenden Zone auch dort, wo nur geringe Mengen von Öl auftreten; so z. B.

in den Jodquellen längs des Alpenrandes in Bayern und Österreich.

Die chemische Beschaffenheit dieser Begleitwasser des Erdöls weist auf ihre Abstammung aus dem Meere; denn nur in den Lebewesen des Meeres, nicht aber in Lebewesen des Süßwassers, finden wir die Anreicherung von Jod, Brom, Bor und Kali, die für die Erdölbegleitwasser kennzeichnend ist.

Das Erdöl ist durch seine chemische Zusammensetzung als Faulschlammprodukt gekennzeichnet; die Begleitwasser des Erdöls sind durch ihre chemische Zusammensetzung als Meeresprodukte gekennzeichnet; das Erdöl samt seinem Nebenprodukt, dem Begleitwasser, ist also ein Erzeugnis aus meerischem Faulschlamm. Damit stimmt überein, daß wir wohl Zusammenhänge zwischen Erdölvorkommen und meerischen Faulschlammgesteinen finden, daß aber die Faulschlammgesteine des Süßwassers nicht mit nutzbaren Erdölvorkommen verknüpft sind.

Das Erdöl enthält verschiedene Stoffe, welche sich nicht in der unbelebten Natur finden, darunter manche hochkomplizierte Körper, wie Sterine, Hormone, Porphyrine, deren Moleküle aus einer großen Anzahl von Atomen (70 und mehr) bestehen. An eine anorganische Entstehung dieser Stoffe ist nicht zu denken; selbst in unseren modernen Laboratorien, mit allen Hilfsmitteln der modernen Technik, ist eine Herstellung dieser Stoffe äußerst schwierig bzw. heute noch unmöglich. Dabei können wir in den Laboratorien Hilfsstoffe verwenden, die in der freien Natur nicht vorkommen, können Druck und Temperatur regeln wie es uns paßt usw. Jede einzelne der hundert Reaktionen, die zum Aufbau eines solchen komplizierten Moleküls führen würden, ist in der unbelebten freien Natur unwahrscheinlich. Das Zusammentreffen mehrerer solcher Reaktionen in der richtigen Reihenfolge ist eine völlige Unmöglichkeit. Daß vollends nicht nur ein solcher komplizierter Stoff, sondern gleich mehrere, sehr wesentlich verschiedene, vorkommen; und daß alle diese Stoffe in Lebewesen andauernd gebildet werden: das ist ein vollgültiger Beweis für die Entstehung des Erdöls aus organischen Stoffen, eine vollgültige Widerlegung einer anorganischen Entstehung des Erdöls. Weiter kommt noch dazu, daß, wie oben erwähnt, auch verschiedene Metalle sich im Erdöl in ähnlicher Weise anreichern wie in Faulschlammen, während die Anreicherungsvorgänge in Feuergesteinen wesentlich andere sind; daß ferner die Begleitwasser des Erdöls Anreicherung an Brom, Jod, Bor und manchmal an Kali zeigen; das sind Stoffe, die sich in solcher Vergesellschaftung nur in Meerespflanzen anreichern.

Endlich läßt die Erhaltung der Porphyrine auch einen Schluß auf die Bildungstemperatur des Erdöls zu, da diese Stoffe bei 250°, bzw. bei längerer Dauer der Erwärmung schon bei 200°, zerstört werden. Die Bildungstemperatur des Erdöls lag also tiefer. Auch das spricht gegen eine Abstammung des Öls aus dem Erdinnern; denn eine Temperatur von 200° wird schon in einer Tiefe von 6—8 km erreicht.

Ausgangsstoffe der Erdölbildung.

Aus was für Stoffen entsteht nun das Erdöl? Diese Frage können wir nur in den gröbsten Zügen beantworten. Die organischen Bestandteile der meerischen Lebewesen bestehen zum größten Teil aus Eiweißstoffen und Kohlehydraten, dazu kommen mehrere Prozent Fette; bei den Tieren und den Schwebealgen ist der Eiweißgehalt und Fett- bzw. Ölgehalt etwas größer als bei den bodenfesten meerischen Pflanzen. Für die Schwebewelt, welche die organischen Stoffe der Faulschlamme liefert, können wir etwa mit 45% Eiweiß, 45% Kohlehydraten und 5—10% Fetten rechnen. Im Erdöl bzw. Bitumen finden wir nun Fettsäuren, Eiweißstoffe und Kohlehydrate, und können also annehmen, daß alle diese drei Gruppen von organischen Stoffen auch an der Erdölbildung beteiligt sind.

Die Fette sind dabei offenbar am wenigsten wichtig, was auch daraus hervorgeht, daß sie in den heutigen Meeresablagerungen nur 1% der organischen Substanz darstellen; allerdings bezieht sich diese Angabe vorwiegend auf Frischwasserablagerungen, aber gerade hier sollten wir wegen der Widerstandsfähigkeit der Fette erwarten, daß sie sich verhältnismäßig anreichern, während die leicht zersetzlichen Eiweißstoffe und Kohlehydrate rascher verschwinden. Aber wir müssen hier berücksichtigen, daß Fette und Öle oft als Tröpfchen in den Lebewesen vorkommen und daß diese Stoffe auf dem Wasser schwimmen; ferner, daß Fettverbindungen (Seifen) im Wasser löslich sind. Man kennt sowohl vom Meer wie vom Süßwasser Schaumstreifen, die aus fettartigen Stoffen bestehen.

Dies sei deswegen hervorgehoben, weil man früher den Fetten die Hauptrolle bei der Erdölbildung zuschreiben wollte. Manche Erdöle lassen sich nämlich theoretisch leicht von Fetten ableiten. Aber die Natur geht durchaus nicht immer den Weg, den wir am leichtesten verstehen und nachmachen können. Es besteht kein sachlicher Grund, die Fette den anderen Stoffen vorzuziehen. Wir können vorläufig ruhig annehmen, daß die Eiweißstoffe, Kohlehydrate, Fette, an der Erdölbildung etwa im selben Verhältnis beteiligt sind, wie an der Zusammensetzung der Lebewesen.

Von welchen Lebewesen stammt das Erdöl? Früher hat man geglaubt, wenn ein Gestein recht viele Skeletreste von Tieren enthalte, dann sei das ein Zeichen dafür, daß sich hier leicht Erdölstoffe bilden können. Man hat dabei mehreres übersehen:

Die bodenständigen Tiere und Pflanzen leben am dichtesten im sauerstoffhaltigen Wasser, in denen alle organische Substanz nach dem Tode sofort verwest. Ein totes Korallenriff, ganz aus Skeleten von Tieren und Pflanzen bestehend, ist vollkommen frei von organischer Substanz; das Riff ist nur ein Gerüst, durch das das sauerstoffhaltige Meerwasser bei jeder Welle auf und ab steigt.

Wenn man sich das Gestein ansieht, welches die abgelagerten Gehäuse der Tiere erfüllt, dann findet man meist, daß es an organischen Stoffen nicht mehr enthält, als die ganze übrige Umgebung. Oder man findet, daß an der Gehäusewand zuerst Kalk oder Kieselstoff auskristallisierte, ehe der

Resthohlraum mit irgendwelchen Stoffen erfüllt wurde. Selbst in schwarzen Faulschlammgesteinen finden wir oft, daß die Gehäuse von klarem Kalkspat erfüllt sind. In all diesen Fällen muß also das Gehäuse leer abgelagert worden sein, oder die organischen Stoffe müssen rasch verwest sein. —

Gelegentlich — sehr selten — kommt es vor, daß Gehäuse von Erdöl oder Asphalt erfüllt sind. Auch dieses Erdöl kann nicht von dem Tier- oder Pflanzenkörper hergeleitet werden, denn es ist viel zu viel: erstens erfüllen die organischen Stoffe ein Gehäuse nicht vollständig, sondern Teile des Hohlraums werden von Wasser oder Gas eingenommen; zweitens bestehen die Lebewesen zum größten Teil aus Wasser und mindestens die Hälfte der organischen Stoffe verschwindet noch bei der Umbildung, da ja die sauerstoffhaltigen Verbindungen abfallen. Aus den organischen Stoffen eines Tieres oder einer Pflanze könnte also nur so viel Bitumen entstehen, als etwa für eine dünne Haut an der Wand der Gehäuse ausreichen würde.

Etwas häufiger ist der Fall, daß sich Erdöl oder Asphalt an der Stelle aufgelöster Schalen findet. In diesem Falle ist natürlich eine Ableitung des Erdöls oder Asphalts von dem Weichkörper der Schalenträger ganz unmöglich. Denn zuerst mußten die Schalen beiderseits vollständig in Gestein eingebettet worden sein, und dabei schon muß der Weichkörper des Schalenträgers gefehlt haben; dann muß das Gestein vollständig erhärtet sein; dann muß die Schale gelöst worden sein; und dann erst kann der Hohlraum vom Erdöl oder Asphalt erfüllt worden sein (Abb. 27).

Ein anderer wesentlicher Gesichtspunkt ist der, daß die meisten Schalenablagerungen aus leer zusammengehäuften Schalen entstehen. Das trifft z. B. für die Schalenablagerungen zu, die an den Meeresküsten und Seeküsten meist in geringen Tiefen liegen. Es sind die Schalen toter Tiere, die hier von den Strömungen leer zusammengetragen werden.

Die Schwebewesen, die nach ihrem Tode in sauerstoffhaltigem Wasser untersinken, verlieren dabei oft ihre ganzen organischen Stoffe durch Verwesung, und was am Boden ankommt sind nur die leeren Gehäuse oder Skelete. Das ist in heutigen Seen und im Meere vielfach beobachtet worden. Die weiße Schreibkreide z. B. besteht aus den Resten solcher Schwebewesen; schon ihre weiße Farbe zeigt, daß sie keine

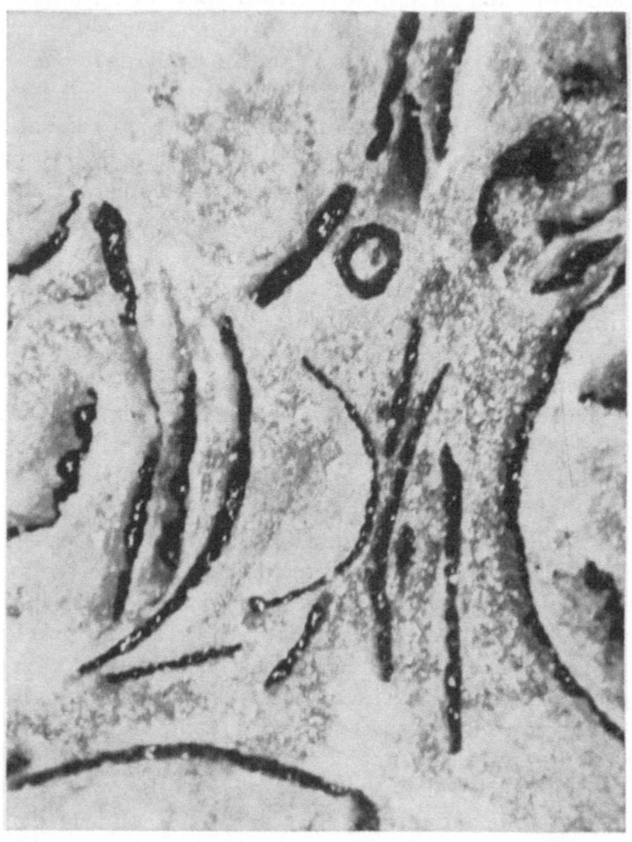

Abb. 27. Unterpliozäner (mäotischer) Kalk aus Rumänien. Schlifffläche mit Querschnitten von Hohlräumen nach Schalen der Wandermuschel (*Dreissena*). Der Platz der Schalen der Wandermuschel ist heute z. T. erfüllt von klarem Kalkspat (grau), größtenteils aber von Asphalt (schwarz). Der weiße Kalk ist bitumenfrei. — Die Schalen waren bei ihrer Einbettung frei von organischen Stoffen. Sie wurden beidseitig von Kalkschlamm fest umschlossen und abgeformt. Der Kalkschlamm erhärtete. Die Schale wurde aufgelöst, ein scharfgeformter Hohlraum blieb zurück. Im Gestein sich bewegende Lösungen schieden an einigen Stellen klaren Kalkspat in den Schalenhohlräumen aus. Ganz zuletzt erst wanderte Erdöl ein, erfüllte die Hohlräume, und bildete sich zu Asphalt um. Ultropak. × 30. Aus: Archiv für Lagerstättenforschung, Heft 62, Berlin 1936.

organischen Stoffe enthält. Auch die tertiären Ablagerungen von Kieselalgenskeleten sind, wenn sie nicht mit Ton vermengt sind, meist weiß und frei von organischen Stoffen. Aus der Eiszeit und aus der Jetztzeit kennen wir aber Kieselalgenablagerungen mit den Weichkörpern. Die organischen Stoffe aber verschwinden, sobald diese Kieselablagerungen in den Bereich der Verwitterung kommen. Das sperrige Gerüst der Kieselalgen erlaubt offenbar den sauerstoffhaltigen Wassern oder der Luft den Durchgang durchs Gestein. Wo aber Kieselalgenablagerungen mit Ton vermengt sind, dort sind die Ablagerungen oft schwarz von organischen Stoffen (z. B. im tiefern Teil der kalifornischen Montereyschiefer). — Wenn wir in einer schwarz-bituminösen Faulschlammablagerung Gehäuse finden, die mit klarem Kalkspat ausgefüllt sind, so können diese Gehäuse nur leer eingeschwemmt worden sein, und später erst aus kalkhaltigen Lösungen ihren reinen Kalkspat erhalten haben. — Selbst an den Fischskeleten in den Faulschlammgesteinen finden wir keine Weichteile mehr, und das Gestein ihrer Umgebung erhält nicht mehr organische Stoffe als weiter entfernte Gesteinsteile. Das trifft auch für die meisten anderen in Faulschlammen enthaltenen Skeletreste zu. —

Zwischen dem Bitumengehalt und dem Vorkommen erkennbarer Versteinerungen besteht kein Zusammenhang. In Faulschlammen sind infolge der bakteriellen Zersetzung die Bitumbildner als organische *Formen* völlig verschwunden, und nur ihre *Substanz* ist erhalten geblieben. Wir können wohl sagen, daß die Erdölbildner ähnliche Schweber und Schwimmer gewesen sein müssen, wie jene, die den heutigen Faulschlammen die organischen Stoffe liefern, das sind niedere Pflanzen und Tiere. Wahrscheinlich spielen skeletlose Formen und Formen mit leicht verweslichen Chitinskeleten und dergleichen eine große Rolle. Solche Formen sind unter sehr günstigen Bedingungen gelegentlich auch versteinert.

Entstehung und Umbildung des Erdöls.

Durch die Feststellung hochkomplizierter Moleküle im Erdöl ist die Forschung um einen großen Schritt vorwärts gekommen. Es handelt sich in erster Linie um die Feststellung von Abkömmlingen des Chlorophyll (dem grünen Pflanzenfarbstoff) und des Hämins (dem roten Blutfarbstoff), die wir dem Münchener Chemiker A. TREIBS verdanken. Diese komplizierten Moleküle, wie auch die von ASCHHEIM und HOHLWEG festgestellten Sexualhormone, ferner Cholesterin und zuckerähnliche Stoffe, können nur von Lebewesen stammen. Die Art der Veränderung von Chlorophyll und Hämin im Erdöl (Dekarboxylierung) weist auf Mitwirkung etwas höherer Temperaturen bei der Erdölbildung hin (falls diese Veränderung nicht auf bakterielle Zersetzung zurückgeführt werden kann). Da aber empfindliche Stoffe (Porphyrinkarbonsäuren) im Erdöl erhalten geblieben sind, kann die Temperatur nicht über 250^0, wahrscheinlich nicht über 200^0, gestiegen sein. Aus der Höhe der Überdeckung und der Zunahme der Wärme mit der Tiefe, kann die Wärme des Bildungsraumes des rumänischen Erdöls auf etwa 160^0 geschätzt werden; und zwischen 100^0 und 200^0 dürfen wir wohl ganz allgemein die Bildungstemperatur des Erdöls suchen, die Drucke bei 500 bis 1000 at (kg/cm^2).

Die Lieferanten der Erdölstoffe sind Schweber und Schwimmer, Nacktformen, Formen mit leicht zerstörbaren organischen Skeleten und sicher auch Formen mit erhaltbaren Hartskeleten. Aber nicht nur die Nacktformen und die Formen mit organischen Skeleten werden durch die Zersetzung im Faulschlamm unkenntlich, sondern auch die zarten Kalk- und Kieselschalen verfallen im Faulschlamm leicht der Auflösung, so daß wir über die Art der Erdölbildner nichts Genaues aussagen können. Die Ausgangsstoffe des Erdöls sind Eiweißstoffe, Kohlehydrate und Fette. Was geschieht nun mit diesen Stoffen?

Zunächst werden sie im Faulschlamm durch Spaltpilze (Bakterien) zersetzt, die zu ihrem Leben keinen freien (im Wasser gelösten) Sauerstoff brauchen, ja auf die solcher freier Sauerstoff sogar giftig wirkt. Auch an den weiteren Umsetzungen dürften solche Bakterien beteiligt sein; denn man hat in ölführenden Gesteinen und im Begleitwasser des Erdöls solche Bakterien gefunden. Seit dem Eozoikum findet man in Faulschlammgesteinen winzige Erzkügelchen, die wahrscheinlich vererzte Schwefelbakterien darstellen (SCHNEIDERHÖHN).

Lange hat man sich darüber gestritten, ob sich Erdöl schon bald nach der Ablagerung der organischen Stoffe bilden könne. Für diese Annahme spricht, daß im Schwarzen Meer gelbe ölige und weiße vaselinartige Stoffe im Faulschlamm gefunden wurden. Daß TRASK bei seinen Untersuchungen meerischer Bodenproben keine solche Stoffe fand, findet seine Erklärung darin, daß er fast nur mineralische Ablagerungen, jedenfalls keine frischen Proben reicher meerischer Faulschlamme, untersuchte.

Bei der bakteriellen Zersetzung werden die organischen Stoffe von ihren widerstandsfähigen Hüllen befreit, die komplizierten Verbindungen werden in einfache Teilstücke gespalten usw. So entsteht ein Gemisch verschiedener Stoffe aus verschiedenen Lebewesen; diese Stoffe stehen nun nicht mehr miteinander in einem ungefähren Gleichgewicht, wie in den Lebewesen. Diese freigewordenen Stoffe werden also miteinander einerseits Verbindungen eingehen, andererseits Verbindungen zerstören. Dabei muß schließlich ein einigermaßen ausgeglichenes Gemisch entstehen, das wir *„Urbitumen“* nennen. Nun sind aber in der Ablagerung auch noch mineralische Stoffe vorhanden. Diese werden z. T. mit organischen Säuren Salze bilden, z. B. Kalke mit Fettsäuren (Leichenwachs) usw. Andererseits aber lagern die Tone organische Stoffe an ihren Oberflächen an („Adsorption“). Bei dieser Anlagerung werden die organischen Stoffe reicher an Kohlenstoff, ärmer an Wasserstoff; denn diese Anlagerung ist ein sowohl chemischer, als physikalischer Vorgang. Bei diesem Vorgang wird also Wasserstoff aus den am Ton angelagerten Verbindungen ausgeschieden, wahrscheinlich meist in Form von wasserstoffreichen Kohlenwasserstoffen. So z. B. ist Methan, das 4 Wasserstoffatome auf 1 Kohlenstoffatom enthält, der wichtigste Bestandteil der Erdgase; Erdgase finden wir sowohl zusammen mit Erdöl, als auch zusammen mit erdölfreien Faulschlammen und Gyttjaablagerungen. Aber bei solchen Abspaltungen fallen nicht direkt fertige Moleküle ab, sondern elektrisch geladene Spaltteile von Molekülen

(Ionen), die sehr begierig sind, Verbindungen einzugehen. In unserem Fall etwa Methylionen (3 Atome Wasserstoff und 1 Atom Kohlenstoff, eine elektropositive Wertigkeit wartet auf Absättigung), oder Wasserstoffionen (bestehend aus 1 positiv geladenem Wasserstoffion, ebenfalls eine Wertigkeit frei). Unter den organischen Stoffen finden sich viele ungesättigte Verbindungen, in denen Kohlenstoffatome in Doppelbindungen aneinander haften; solche Verbindungen sind meist recht verwandlungsfähig (mit Ausnahme der ringförmig geschlossenen, in denen die Annahme von Doppelbindungen nur ein Hilfsmittel zum Verständnis eines gleichmäßigen Feldzustandes ist). Solche ungesättigten Verbindungen und andere kompliziert gebaute organische Verbindungen müssen nun mit wasserstoffreichen Spaltstücken Verbindungen eingehen, ob diese Spaltstücke nun bei der bakteriellen Zersetzung oder bei der Anlagerung an Tone entstehen. Wenn man aber in eine organische Verbindung solche wasserstoffreiche Spaltstücke hineinstopft, so muß schließlich (eventuell unter Zerfall, Abspaltung von Sauerstoff als Wasser usw.) ein Zustand erreicht werden, in dem die Verbindungen einen Höchstgehalt von Wasserstoff enthalten. Diese Verbindungen mit höchstmöglichem Wasserstoffgehalt heißen Grenzkohlenwasserstoffe, oder Methangruppe (nach der einfachsten Verbindung), oder Paraffingruppe (nach den kompliziertesten Verbindungen dieser Gruppe). Das ursprüngliche Erdöl besteht zum größten Teil aus Grenzkohlenwasserstoffen; solche Erdöle werden auch *„Paraffinöle“* genannt.

Der Vorgang des Wasserstoffeinbaus in die Moleküle (Hydrierung) mag durch den Metallgehalt der Faulschlamme (Nickel, Vanadium, Molybdän, Kupfer, in der Form adsorbierter Sulfide) erleichtert werden; denn diese Stoffe werden auch in der Technik als Anreger (Katalysatoren) der Hydrierung verwendet. In den Gyttjen ist der Metallgehalt sehr viel geringer. — Auch der gleich zu erwähnende Jodgehalt der Salzwässer könnte die Hydrierung erleichtern. — Diese Fragen bedürfen noch sehr der Untersuchung.

Wir finden Paraffinöle hauptsächlich in jungen Erdöllagerstätten, wo die Zeit für weitere Umbildungen noch nicht ausgereicht hat. Auch müssen diese Lagerstätten gut geschützt sein, denn das Wasser der Erdoberfläche mit seinem Sauerstoffgehalt und seinen Sauerstoffsalzen (kohlensaure, schwefelsaure, salpetersaure Salze) wirkt umbildend auf das Erdöl, genügend Zeit für solche Umbildungen vorausgesetzt.

An diesen ursprünglichen Ölen können wir auch die ursprüngliche Filterung bei der Erdölwanderung feststellen: der Paraffingehalt nimmt nach oben ab, die Öle werden nach oben leichter. Zutiefst liegen schwarze Öle, höher braune, grünliche, rötliche und gelbe, zuhöchst wein- bis wasserfarbige Öle.

Zusammen mit diesen ursprünglichen Ölen finden wir auch die charakteristischen Begleitwasser mit hohen Gehalten an Jod, Brom, Bor und gelegentlich Kali. Der Salzgehalt dieser Wasser wird zum allergrößten Teil von Chloriden gebildet; dabei ist mehr Chlor vorhanden als dem Gehalt an Alkalien (Natrium, Kalium) entspricht, so daß auch Erdalkalien (Kalzium, Magnesium) an Chlor gebunden werden müssen, wenn die Lösung eindampft. Von organischen Säuren finden wir nur verhältnismäßig einfache, wie Buttersäure, Baldriansäure usw.

Aus der Zusammensetzung der Tone der Erdöllagerstätten können wir nun feststellen, daß diese Tone aus Salzlösungen Alkalien aufgenommen haben, andererseits aber Erdalkalien abgegeben haben (Basenaustausch). Und zwar hatten die Lösungen, mit denen dieser Austausch stattfand, nicht die Zusammensetzung des Meerwassers (dieses hätte Magnesium statt Natrium abgegeben), sondern die Lösungen hatten den Charakter der Begleitwasser des Erdöls mit überwiegendem Kochsalzgehalt. — Dieser Basenaustausch der Tone bewirkt eine entsprechende Veränderung der Wasser: in geschlossenen Erdöllagerstätten, die von dem Einfluß des Oberflächenwassers geschützt sind, finden wir, daß die Wasser um so mehr Erdalkalien und um so weniger Alkalien enthalten, in je höheren Schichten wir sie antreffen, je weiter also die Wasser nach oben gewandert sind, und dabei an den Wänden der zahlreichen feinen Klüfte mit Tonen in Berührung gekommen sind.

Anders steht es nun mit der Umbildung der Oberflächenwasser in den Erdschichten. Diese Oberflächenwasser haben normalerweise nur einen ganz geringen Lösungsgehalt, sie sind „süß“; der Lösungsgehalt besteht vorwiegend aus kohlensauren und schwefelsauren Salzen. Wenn nun solche Wasser in die Erdschichten versinken und von der Oberfläche abgeschlossen werden, so nehmen sie aus den Schichten Salze auf, und zwar hauptsächlich Alkaliverbindungen, weil diese in den meisten Ablagerungen die Hauptmenge der leicht löslichen Stoffe ausmachen. Auf diese Weise werden die Wasser konzentrierter, dabei nimmt aber fast nur ihr Gehalt an Alkalien, nur sehr wenig der Gehalt an Erdalkalien zu; der Hundertsatz der Alkalien steigt also rasch an. Die erste Umbildung der Oberflächenwasser besteht also darin, daß ihr Lösungsgehalt sich von einem Vorwiegen der Erdalkalien zu einem Vorwiegen der Alkalien verändert, wobei gleichzeitig die Konzentration der Lösungen zunimmt. — Dann treffen aber die Oberflächenwasser in den Erdschichten auf Verbindungen, welche oxydierbar sind; so kann z. B. der Schwefelkies zu Brauneisenstein und schwefliger Säure oxydiert werden; aus organischen Stoffen können organische Säuren, Harze, Kohlensäure, Wasser gebildet werden usw. Bei allen diesen Vorgängen gibt das Wasser gelösten Sauerstoff ab. In dem sauerstofflosen Wasser entwickeln sich nun sauerstoffeindliche Bakterien, welche die Sulfate in Sulfide verwandeln. Auch die kohlensauren und salpetersauren Verbindungen dürften z. T. von den organischen Stoffen aufgenommen werden. Jedenfalls haben die Oberflächenwasser desto weniger Sauerstoffsalze, je tiefer wir sie antreffen. Und zwar verschwinden zuerst die salpetersauren und schwefelsauren Verbindungen. Dies geschieht besonders rasch, wenn solche Wasser mit Erdöl oder anderem Bitumen in Berührung kommen. In solchen Fällen ist dann das Erdöl meist zu Schweröl, Erdteer, oder Asphalt umgebildet.

Hiermit sind wir beim Einfluß des Wassers auf die Umbildung des Erdöls angelangt. Sauerstoffsalze oder gelöster Sauerstoff des Wassers, ebenso wie Sauerstoff der Luft, bewirken im Laufe langer Zeiträume Umbildungen der Öle. Bei diesen Umbildungen durch Wasser und Luft ist die Einführung von Sauerstoff oder Schwefel in die organischen Moleküle nur der Anlaß zu weitgehenden Umwandlungen. Durch diese Einführung werden nämlich kleine Moleküle zu größeren zusammengeschlossen.

Die sauerstoffhaltigen Verbindungen wirken nur als Anreger (Katalysatoren) dieser Umbildungen, sie wirken daher schon in winzigen Mengen. Für Chemiker sei gesagt, daß es sich nicht um Katalysatoren im ganz strengen Sinne handelt, denn die Sauerstoff- und Schwefelverbindungen werden bei fortschreitender Umbildung angereichert; vielmehr sind die Sauerstoff- und Schwefelverbindungen offenbar Durchgangsstationen, die langsam gebildet und schnell weiter verwandelt werden.

Wir kennen solche polymerisierende (zusammenschließende) Wirkung z. B. von den sauerstoffhaltigen Harzsäuren; im Benzin äußert sich das oft sehr unangenehm, weil die bei der Verharzung sich bildenden großen Moleküle festen Aggregatszustandes sind. In der Natur finden wir den entsprechenden Vorgang bei der Erdwachsbildung der Paraffinöle; wo Paraffinöle z. B. in Klüften oder am Ausstrich von Ölsanden plötzlich mit sauerstoffreichem Wasser oder Luft zusammenkommen, dort dunsten einerseits leichte Bestandteile (Benzine) ab, andererseits bilden sich geringe Mengen von Harzsäuren und das Erdöl bildet sich zu großen schweren Molekülen (Paraffin, Erdwachs) um.

Wenn aber der Sauerstoffeinfluß länger dauert, ohne daß dabei die leichten Bestandteile verlorengehen, dann treten andersartige Umwandlungen auf; also z. B. dort, wo das Erdöl untertags mit Wassern vom Typus der Oberflächenwasser (Lösungen mit kohlensauren und schwefelsauren Salzen) zusammenkommt. Die Art und Weise der chemischen Umbildungen ist noch ungeklärt. Aber die Reihenfolge, in der diese Umbildungen verlaufen, können wir aus den geologischen Beobachtungen wohl ableiten.

In Lagerstätten, die (geologisch gesprochen) noch nicht lange unter Sauerstoffeinfluß stehen, finden wir viel aromatische Kohlenwasserstoffe (das sind Verbindungen vom Typ des Benzols); das sind also die ersten ringförmigen Verbindungen, die aus den geraden (zum Teil verzweigten) Ketten der Paraffinöle entstehen; dabei müssen offenbar große Mengen von gasförmigen Grenzkohlenwasserstoffen gebildet werden, und die stabileren Stoffe sich anreichern. — In Lagerstätten, die seit langer Zeit mit Oberflächenwassern in Verbindung standen, finden wir geringere Gehalte an aromatischen Kohlenwasserstoffen, dafür aber größere Mengen von Naphthenen. Nie findet man Mischöle aus Aromaten und Grenzkohlenwasserstoffen ohne Naphthene; im Zusammenhang mit obigen Beobachtungen über die Menge von Naphthenen und Aromaten bei verschieden langer Umbildungsdauer scheint es daher, daß sich aus Aromaten und Grenzkohlenwasserstoffen die Naphthene bilden. — In Lagerstätten, die sehr lange und in sehr gutem Kontakt mit Oberflächenwassern standen, finden wir dann endlich auch die unsymmetrischen Moleküle der Schmieröle.

Erdöle, welche einen wesentlichen Gehalt von Naphthenen (neben Aromaten oder Grenzkohlenwasserstoffen) haben, nennen wir Asphaltöle.

Neuestens wird von manchen Forschern (JOST, FESTER & CRUELLAS) angenommen, daß sich aus den Vanadaten der Tagwasser beim Zusammentreffen mit Erdöl Vanadiumsulfid bildet, das zusammen mit Sauerstoff die Asphaltbildung verursachen soll. Richtig ist, daß in den Asphalten der absolute Gehalt an Vanadium beträchtlich höher sein kann als in Ölen, und daß ganz enorme Vanadium-Anreicherungen (bis zu 2,34 % V_2O_5 in der Gesamtsubstanz, bis zu 30 und 40 % in der Asche) in Asphaltgesteinen verzeichnet worden sind.

Man darf nun nicht etwa annehmen, daß die Wasser vom Oberflächentypus nur in den obersten Metern der Erdrinde vorkommen. Vielmehr reichen die mit Sauerstoffsalzen beladenen Wasser bis in Tiefen von vielen hundert Metern, wobei allerdings mit zunehmender Tiefe der Gehalt an Sauerstoffsalzen (hauptsächlich Salze der Kohlensäure und Schwefelsäure) abnimmt. Der amerikanische Forscher ROGERS hat einen sehr kennzeichnenden Fall bekanntgegeben: in einem kalifornischen Erdölfeld haben die Oberflächenwasser vorwiegend schwefelsaure Salze, untergeordnet kohlensaure Salze; der Sulfatgehalt der Wasser nimmt nach unten allmählich ab bis an einen Sand mit Erdteer (schwerem Asphaltöl); unter diesem Teersand ist dann der Charakter der Wasser ganz verändert, die schwefelsauren Salze sind in der Minderzahl, die kohlensauren Salze in der Überzahl; am „Teersand“ selbst führen die Wasser Schwefelwasserstoff (der sich aus Sulfaten durch Sauerstoffentzug, wahrscheinlich unter Einwirkung von Bakterien, bildet). Das Öl des „Teersandes“ ist offenbar von den Sulfaten unter Sulfidbildung zum Teil oxydiert worden, wobei Hand in Hand mit der Oxydierung die wesentlicheren Vorgänge des Molekülzusammenschlusses (Polymerisation und Ringbildung) sich abspielten. In tieferen Schichten findet sich dann Erdöl. — Auch in anderen Erdölfeldern finden wir Wasser vom Oberflächentypus bis in große Tiefen, so z. B. in Rumänien.

Es ist charakteristisch, daß zusammen mit den Asphaltölen Wasser vorkommen, die eine größere Menge sauerstoffhaltiger Salze enthalten (sofern solche Wasser nicht etwa infolge der Auslaugung von Salzstöcken hochkonzentrierte Kochsalzlösungen sind); in diesen Wassern sind mehr Alkalien (Natrium, Kalium) vorhanden als der Menge des vorhandenen Chlors entspricht, so daß sich beim Eindampfen kohlensaure oder schwefelsaure Alkaliverbindungen bilden. In diesen Begleitwassern der Asphaltöle finden sich Naphthensäuren; die Tatsache chemischer Vorgänge zwischen Erdöl und Wasser geht auch daraus hervor, daß in den Asphaltöllagerstätten die Temperatur an der Berührungsfläche zwischen Öl und Wasser ansteigt.

Aber auch die Asphaltöle unterliegen weiteren Umbildungen. Wo Asphaltöle in Klüften oder Ölsanden an die Oberfläche kommen, finden wir (wenn das Öl nicht quellenmäßig ausströmt) nächst der Oberfläche Asphalt, der nach unten zu weicher wird, in Erdteer übergeht, und zutiefst finden wir gelegentlich noch in derselben Schicht oder am unteren Ende der Kluft Erdöl; oder wir finden am Ausgehenden (das ist das Ende der Schicht an der Oberfläche) Erdteer oder schweres Öl, und tiefer in der Schicht leichtere Öle usw. Durch die Einwirkung von Sauerstoff und Licht wird aus weichem Asphalt Hartasphalt; der Lichteinfluß wird im Asphaltdruckverfahren benützt. Schwefelsäure, die sich in aufgeschütteten Halden von Asphaltgesteinen aus der Oxydierung von Schwefelkies bildet, wirkt hochgradig härtend auf den Asphalt; auch Luft wirkt in derselben Weise, nur langsamer. Entzieht man aber dem Asphalt die sauerstoffhaltigen Verbindungen (Asphaltsäuren), dann findet dieses „Altern" des Asphalts nicht statt (so sagen die Praktiker, die sich auf die Erfahrung von wenigen Jahren stützen. Für die Praxis genügt das, denn länger als jahrelang wollen wir gefördertes Gut nicht ablagern. Der Geologe aber muß sich sagen, daß diese Erfahrung nur besagt, daß bei Abwesenheit von Asphaltsäuren der Lufteinfluß so langsam wirkt, daß er innerhalb einiger Jahre nicht nachweisbar ist. Aber was bedeutet das für uns, die mit Millionen Jahren rechnen müssen!).

Sehr kennzeichnend sind auch die Verhältnisse bei der Schmierölbildung. Die Schmieröle bilden sich in Asphaltölen, die sehr lange Zeit einem beschränkten Sauerstoffzutritt ausgesetzt waren. Die Schmieröle bestehen aus unsymmetrischen („polaren") Molekülen, die die Eigenschaft haben, an Oberflächen von Metallen und anderen festen Körpern festzuhaften. Man kann diese Schmierölmoleküle aus einem Asphaltöl entfernen, indem man das Öl möglichst stark mit solchen Oberflächen in Beziehung bringt. Das Restöl, dem so die Schmierfähigkeit entzogen ist, gewinnt einen Teil seiner Schmierfähigkeit wieder, wenn man das Öl in Berührung mit Luft stehen läßt. Dabei ist der Sauerstoff der Luft der wirksame Bestandteil, denn wenn man das Öl in Berührung mit Stickstoff stehen läßt gewinnt es die Schmierfähigkeit nicht wieder. Andererseits ist es aber nicht so, als ob die Schmiermoleküle nun einfach Oxydationsprodukte der Asphaltöle wären; denn diese Schmierölbildung geht noch bei sehr niederen Temperaturen vor sich. Bei diesen niederen Temperaturen kann man rechnerisch nachweisen, daß nur ganz winzige Mengen von Oxyden gebildet werden können. Die Oxyde wirken vielmehr auch hier in erster Linie als „Anreger" weiterer Umwandlungen.

Aller Sauerstoffeinfluß geht zunächst von der Oberfläche aus, und auch der Gehalt der Oberflächenwasser an Sauerstoffsalzen nimmt mit der Tiefe ab. Es ist daher klar, daß die oberflächennächsten Erdölschichten am stärksten von diesen Einflüssen betroffen werden. Da diese Einflüsse (Molekülzusammenschluß und Ringbildung) eine Zunahme des spezifischen Gewichtes und der Zähigkeit bedeuten, so werden die Erdöle in den Asphaltöllagerstätten gegen die Oberfläche zähflüssiger und schwerer; an der Oberfläche selbst finden wir die zähesten und schwersten Stoffe, das sind Erdteer und Asphalt.

In den Paraffinöllagerstätten ist es (abgesehen von der sehr seltenen Erdwachsbildung) gerade umgekehrt: da finden wir die schwersten, kompliziertesten, zähesten Stoffe in den tiefsten Schichten, und die Öle der höheren Schichten sind um so leichter, heller, flüssiger, je höher wir sie antreffen, bis wir an den höchsten Schichten wein- und wasserfarbige Öle finden, zum Teil geradezu natürliche Benzine, die direkt im Auto verwendet werden können.

Diese Aufeinanderfolge der Öle in den Paraffinöllagerstätten beruht auf der Filterung der Öle beim Einwandern aus tieferen Schichten in die Lagerstätten. Die Beschaffenheit der Asphaltöle dagegen beruht auf der Umbildung, die von der Oberfläche ausgeht. Da sich die Asphaltöle aus Paraffinölen gebildet haben, finden wir meist auch innerhalb der Asphaltöllagerstätten noch eine Abnahme des Gehaltes an Festparaffinen nach oben, soweit Festparaffine vorhanden sind.

In Paraffinöllagerstätten werden die Öle nach oben leichter, in Asphaltöllagerstätten werden die Öle nach oben schwerer (*Dichteregel der Öle*).

Von dieser Regel gibt es einige Ausnahmen: wo Paraffinöle verdunsten und verharzen (bei direktem Ausgang zur Oberfläche) nimmt ihr spezifisches Gewicht nach oben zu: Erdwachsbildung; wo Asphaltöle nach vollendeter Umbildung nochmals wandern mußten, dort nimmt ihr spezifisches Gewicht nach oben ab (Filterung).

Man hat früher die Anordnung der Asphaltöle gerade umgekehrt erklären wollen: die komplizierten, schweren Asphaltöle seien die ursprünglichen Öle, die leichteren tiefern Asphaltöle und die Paraffinöle seien durch die Einwirkung der Erdwärme aus den dichten Asphaltölen hervorgegangen. Dagegen läßt sich eine ganze Menge sagen.

Zunächst finden sich zualleroberst die allerschwersten Verbindungen und diese müßten dann logischerweise auch die ursprünglichsten sein; diese schwersten Verbindungen sind aber die Asphalte; in vielen Lagerstätten ist es klar, daß die Asphalte aus von unten gekommenen Ölen entstanden sind: wir kennen an der Oberfläche „Pechseen", Asphaltdecken usw.; die Asphaltsande werden von Asphaltitgängen durchzogen, von denen aus die Tränkung der Schichten nach den Seiten hin abnimmt usw. Wir können auch rings um heutige Erdölbrunnen beobachten, wie sich aus ölgetränktem Boden im Laufe vieler Jahre Asphalt bildet. Die fortschreitende Verhärtung des Asphalts unter der Einwirkung der Luft, der Schwefelsäure und des Lichts haben wir bereits erwähnt. In keinem Lebewesen gibt es jene ringförmigen Verbindungen, welche für die Asphaltöle kennzeichnend sind.

Die Erdwärme nimmt überall in gleicher Weise, wenn auch in verschiedenen Ländern nicht im selben Maße, mit der Tiefe zu; dann müßte aber nach obiger Annahme auch überall die Dichte der Asphaltöle mit der Tiefe abnehmen, und in Gebieten mit gleicher geothermischer Tiefenstufe (d. i. gleicher Wärmezunahme je Tiefeneinheit) müßten in gleichen Tiefen auch gleiche Öle sich finden. Beides stimmt nicht. Wir finden auch über schwereren Asphaltölen gelegentlich leichtere Öle (Panuco, Bartlesville). Die gerade umgekehrte Dichteregel der Paraffinöle (Câmpeni und Tetzcani in Rumänien; vgl. auch Ventura Avenue in Kalifornien, Abb. 13, S. 34) widerspricht am schärfsten der Erklärung, daß die Erdwärme eine Zersetzung schwerer Öle in leichtere herbeiführen soll.

Zwei besonders kennzeichnende Beispiele seien hier noch erwähnt: Der Oberflächeneinfluß wird vorwiegend durch die sauerstoffhaltigen Wasser verursacht; solche Wasser können aber gegebenenfalls nur innerhalb einer Schicht in die Tiefe vordringen; an Stelle einer Übereinanderschichtung verschiedener Wasser mit nach unten regelmäßig abnehmendem Gehalt an Sauerstoffsalzen erhalten wir so in der Tiefe plötzlich unvermittelt eine Einschaltung sauerstoffreicher Wasser; und dementsprechend finden wir auch keine regelmäßige Folge von nach unten immer leichter werdenden Asphaltölen über Paraffinölen, sondern diese Folge wird durch unregelmäßige Einschaltungen unterbrochen. Das ist z. B. in Runcu der Fall, wo wir auch tatsächlich in einer Tiefenschicht (260 m im Mäot) ein Wasser vom Oberflächentyp feststellen können. Solche unregelmäßige Ölverteilung kann natürlich aus der Wirkung der gleichmäßig nach unten zunehmenden Erdwärme nicht erklärt werden.

Der wohl endgültig beweisende Fall fand sich in Moreni-Gura Ocnitzei. Hier enthält das Unterpliozän Paraffinöle, darüber kommen 550 m Tongesteine, dann folgt das Oberpliozän; dieses beginnt mit Sanden mit Asphaltölen, und die Dichte der Asphaltöle nimmt nach oben rasch zu; dann folgt eine Schichtunterbrechung, die einer ehemaligen Abtragungsoberfläche entspricht; darüber folgen nun in der nächsten Schicht leichte Asphaltöle, ja an einigen Stellen sogar Paraffinöle; in den höheren Schichten finden wir Asphaltöle von nach oben zunehmender Dichte, aber die Dichte nimmt hier lange nicht so rasch zu wie bei der tieferen Schichtreihe; die hohen spezifischen Gewichte der tieferen Schichtenreihe werden in der höheren Schichtenreihe nicht erreicht. Das ist offenbar so zu erklären: die ursprünglichen Asphaltöle der tieferen Schichtreihe des Oberpliozäns wurden zur Zeit der Entstehung der alten Abtragungsfläche von dieser Abtragungsfläche aus umgebildet; die lange Dauer dieser Umbildung äußert sich darin, daß keine Paraffinöle mehr gefunden werden und das spezifische Gewicht der Öle nahe der alten Oberfläche groß ist. Dann erfolgte eine neue Überlagerung und eine neue Öleinwanderung; dieser neue Ölnachschub wird offenbar erst von der heutigen Oberfläche aus, also seit geologisch kurzer Zeit, umgewandelt: daher ist noch nicht alles Öl umgewandelt, sondern es finden sich noch hier und da Paraffinöle im tiefsten Teil dieser Schichten; auch nimmt das spezifische Gewicht der Öle gegen die Oberfläche nicht so rasch zu, und erreicht nicht die hohen Werte wie in der tieferen Schichtreihe. Eine solche Aufeinanderfolge kann unmöglich durch die Wirkung der (mit der Tiefe gleichmäßig zunehmenden) Erdwärme erklärt werden (Abb. 14).

In allen jüngeren Lagerstätten, wo der umbildende Einfluß noch nicht bis in die tiefsten Schichten vorgedrungen ist, finden wir unterhalb der Asphaltöle Paraffinöle. So z. B. finden wir Asphaltöle im Daz von Ochiuri und Moreni, darunter 500—550 m Tone, darunter im Mäot Paraffinöle. Die Asphaltöle sind eine „Hutbildung" über Paraffinölen.

Man hat früher angenommen, daß die Begleitwasser des Erdöls jene Wasser seien, die bei einer Ablagerung unter Wasser zwischen den Sandkörnern eingeschlossen werden. Wir haben erwähnt, daß typische Begleitwasser in allen Ablagerungen vorkommen, die im Bereiche der Ölführung liegen, also auch in Süßwasserablagerungen, oder in Ablagerungen von absonderlichen Salzlösungen vom Typus des Kaspisees, usw.; das auch dann, wenn solche Ablagerungen niemals unter dem Meere gelegen sind, wie dies ROGERS für eine kalifornische Schicht angibt und wie es auch für das rumänische Pliozän zutrifft. Die hohen Gehalte an Jod, Brom, Bor, Kali können nicht durch Eindampfung erklärt werden, weil diese Stoffe nicht nur in bezug auf das Wasser, sondern auch in bezug auf den Salzgehalt bis zum Tausendfachen angereichert sein können; und das auch in Schichten, in denen sich kein Erdöl findet, so daß das Wasser den Gehalt an Jod usw. nicht etwa innerhalb der heute wasserführenden Schicht vom Erdöl erhalten haben kann. Das ursprünglich in den Ablagerungen eingeschlossene Wasser geht bald verloren, es wird offenbar bei den Mineralumbildungen und Mineralneubildungen verbraucht. Viele Minerale (z. B. Glimmer) enthalten Wasser, andere lagern bei der Kristallbildung Wasser an (Kristallwasser); Gläser (z. B. aus verwitterten Feuergesteinen), Kolloide (wie z. B. Ton, Opal), die bei der Verwitterung entstehen oder schon einmal scharf getrocknet oder stark gepreßt waren, nehmen während längerer Zeit allmählich Wasser auf. Auf diese Weise verschwindet in jungen Ablagerungen das Wasser. Wir haben im Schacht I Bucea bei Câmpina im unteren Pliozän Tone gefunden, die so trocken waren, daß sie an der Zunge klebten; feine Sande zwischen den Tonen konnten weggeblasen werden, so staubtrocken waren sie; eine Sandlage mit großen Poren war „leer", d. h. die Poren waren mit Luft gefüllt. — Ältere Gesteine allerdings sind „bergfeucht", weil die Aufnahmefähigkeit der Mineralien allmählich erschöpft wird; aber PETRASCHECK & WILSER fanden an bergfeuchten Gesteinen, daß sie weniger Wasser enthielten als in den Poren Platz ge-

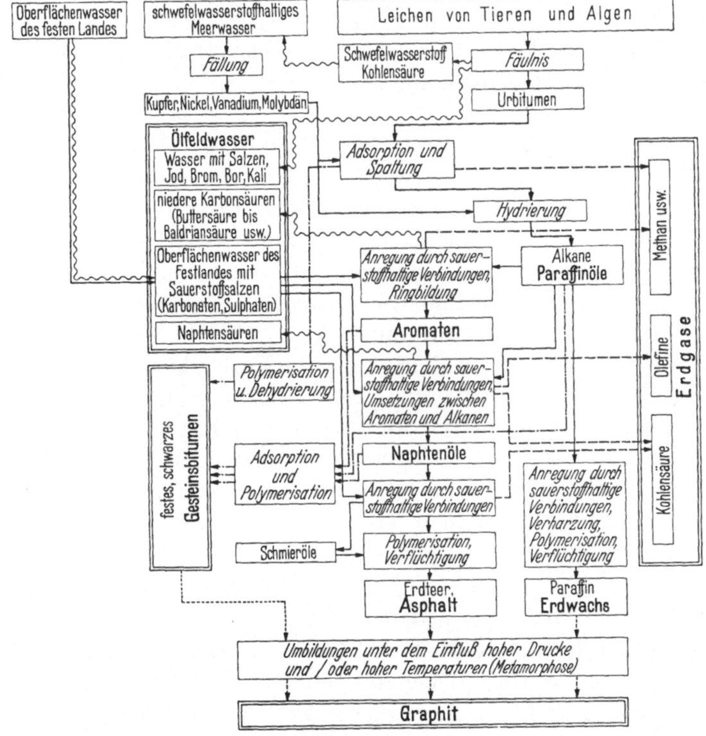

habt hätte. — Solche Verhältnisse kann man allerdings nur in Bergwerken erkennen, denn in den Bohrungen steht immer Wasser, und die Bohrproben sind daher stets naß. —

Den Vorgang der Wasseraufnahme in jungen Ablagerungen habe ich „innere Austrocknung" genannt. Ein Teil des Salzgehaltes bleibt dabei im Sediment, und bedingt in feuchten Lagen die elektrische Leitfähigkeit der Ablagerung.

Diese elektrische Leitfähigkeit kann gemessen werden, und ergibt sehr charakteristische Unterschiede zwischen Ablagerungen aus Wassern verschiedenen Salzgehaltes; diese Leitfähigkeitsproben werden daher in der Bohrpraxis viel benutzt, um die Lage gleicher Schichten in verschiedenen Bohrungen festzustellen (Schlumbergers „elektrisches Kernen").

Das Begleitwasser des Erdöls ist kein miteingeschlossenes Wasser des Ablagerungsraumes, sondern ein Nebenprodukt der Erdölbildung, ev. vermischt mit Oberflächenwassern.

7. Die Entstehung der Erdöllagerstätten.

Wir haben davon gesprochen, daß das Erdöl wandern kann, und daß es sich in Schichten aller Art findet, die meist zu seiner Entstehung keinerlei Beziehung haben, sondern die nur wie ein Schwamm das Erdöl aufgesaugt haben. Wir finden Erdöl in den Klüften von erstarrten Feuergesteinen und von Kalk; in den Hohlräumen der Gasblasen in erstarrten Lavaströmen; in den Hohlräumen, die durch Auslaugung von Kalk, z. B. durch Auslaugung von Schalen, entstanden sind; vor allem aber in den Hohlräumen zwischen Sandkörnern. Wie sind nun diese Erdöllagerstätten entstanden?

Das Erdöl entsteht in tonigen Gesteinen. Tone bestehen aus winzigen Schüppchen (Korngrößen unter 0,002 mm). Diese Schuppen sind gegeneinander verschiebbar, so daß die Tone einer stetigen Formänderung fähig sind. Bei Faltungen geraten nun die verschiedenen Teile der Falten unter verschieden starken Druck. Die Flanken werden am stärksten gedrückt und werden dabei dünner, das Material wandert in die Faltenscheitel, die dabei dicker werden. Bei solchen Wanderungen eilen die stärker plastischen oder flüssigen Stoffe den weniger plastischen voran. So eilt z. B. Salz einem Ton oder Gips voran. In Versuchen hat man Fett zwischen Tone geschichtet und beides zusammen gefaltet, und dabei ist das Fett in den Faltenscheitel vorangeeilt. In den Faltenscheiteln von Kleinfalten bituminöser Gesteine findet man häufig Bitumen angereichert. Auch im großen werden wir annehmen dürfen, daß bei Faltungen das leichte und flüssige oder sehr plastische Bitumen gegen die Scheitel der Sättel wandert. Diese Wanderung ist im großen noch nicht nachgewiesen. Ich nehme sie nur aus Beobachtungen an kleinen Falten und im Experiment als wahrscheinlich an, und habe sie Urmigration genannt. (Migration nennen wir alle Wanderungen des Erdöls innerhalb der Erdschichten.) — Urmigration ist nicht nachgewiesen, und es ist für alles folgende gleichgültig ob man sie annimmt oder nicht. Sie würde meiner Annahme nach in stärker gefalteten Schichten ein erstes Glied jener Anreicherungsvorgänge bilden, die zur Lagerstättenbildung führen; ob in schwachgefalteten Schichten der Unterschied des Belastungsdruckes etwas Ähnliches hervorrufen kann, ist auch mir noch fraglich.

Bei jeder Faltung eines Schichtstoßes müssen die Schichten aneinander gleiten; ein Paket Karten kann man leicht biegen, weil die Karten aneinander gleiten können; ein gleich großes Stück Holz kann man nur brechen. In jedem gebogenen Balken — und in jeder in sich zusammenhängenden Schicht — treten beim Biegen außen Zugspannungen, innen Druckspannungen auf. Die natürlichen Gesteine sind nicht über größere Erstreckungen (etwa über einige Kilometer) fest zusammenhängend. Bei der Faltung brechen die Gesteine, es entstehen Klüfte, an denen die Gesteine oft etwas verschoben werden (Verwürfe). Solche Klüfte sind an der Oberfläche oft schwer feststellbar, weil das zerrüttete Gestein hier verstürzt; in Bohrungen sind sie unkenntlich, weil der herausgefräste Bohrkern an diesen Zerrüttungszonen abdreht und sich dadurch Lagen von verschmiertem Gestein einschalten; dasselbe kann aber auch bei unachtsamem Bohren in zusammenhängendem Gestein geschehen (wenn sich der Kern klemmt, wenn zu schnell gebohrt wird, oder wenn zu lange an einer Stelle gedreht wird). Solche Klüfte kann man daher nur in frischen Gräben und ganz besonders in Bergwerken nachweisen, und da sind sie in großer Zahl nachgewiesen worden, sowohl an Salzstöcken als in Falten.

Wir unterscheiden bei den Trennungsflächen der Gesteine die Schubflächen von den Klüften. Schubflächen laufen senkrecht zu der Vertikalebene, die durch die Richtung des Gebirgsschubs geht. Die Schubflächen gestalten mit anderen Mitteln dasselbe wie die Falten, nämlich einen Zusammenschub, eine Verkürzung in der Richtung des gebirgsbildenden Schubs. Diese Schubflächen werden also von den gebirgsbildenden Kräften zusammengedrückt und geschlossen; hierher gehören z. B. die Randklüfte der Salzstöcke, die auch kein Wasser führen. In solchen Schubflächen finden sich meist auch keine Mineralablagerungen (wenn sie nämlich nicht später unter anderen Bedingungen nochmals aufreißen). Diese Schubflächen kommen also für die Wanderungen der Flüssigkeiten nicht in Frage. Dagegen stehen die eigentlichen Klüfte schräg oder parallel zur Richtung des Gebirgsschubes. Solche Klüfte bleiben leicht offen, wir finden in ihnen oft Wasser und Ablagerungen von Mineralien, und auch das Erdöl wandert auf solchen Klüften.

Wenn nun eine ölführende Schicht sich faltet, so steht sie unter einer Druckspannung, die größer ist als der Widerstand des Gesteins gegen Verformung. Reißt nun eine Kluft auf, so ist das genau so, wie wenn wir den Hahn einer Siphonflasche öffnen. Es entsteht eine örtliche Druckentlastung, die Flüssigkeiten dehnen sich aus, Gasblasen scheiden sich aus und der Gasdruck und der Druck der gespannten Flüssigkeit selbst treibt Flüssigkeit in der Kluft wie in einem Steigrohr hoch. An den Wänden der Kluft werden Teile der Flüssigkeit von den Gesteinsteilchen festgehalten, es entsteht eine Filterung. Trifft die Kluft auf ein poröses Gestein dessen Hohlräume unter geringerem Druck stehen, so muß die Flüssigkeit aus der Kluft in dieses Gestein einwandern; auf diese Weise bilden sich die nutzbaren Erdöllagerstätten.

In den tonigen Muttergesteinen kann sich das Öl in den schlitzartigen Kanälen zwischen den schuppigen Tonteilchen nur sehr schwer bewegen. Wenn der Ton an Öl übersättigt ist, gibt er zwar etwas Öl ab (so z. B. im Oligozän des Vorlandes in Rumänien, das wir oben als Ölmuttergestein kennenlernten), aber die Ölabgabe geht sehr langsam vor sich; man kann aus einem solchen Brunnen von Meterdurchmesser vielleicht jede Woche einige hundert Liter schöpfen. Die Bohrungen haben meist einen 4- bis 10 mal kleineren Durchmesser, also eine 16- bis 100 mal kleinere Oberfläche als die Brunnen, und würden dementsprechend weniger Öl bringen, also praktisch ganz unbrauchbar kleine Mengen. Nun müssen wir aber bedenken, daß diese Gesteine heute nicht mehr unter dem Druck einer Gebirgsbildung stehen. Ein starker Druck muß aus einem Gemisch die flüssigen Bestandteile ebenso herauspressen, wie wir durch Schlagen das Wasser aus der Butter heraustreiben können. Ein Zweites ist noch wichtiger: die Natur hat Zeit. Nehmen wir an, 1 Quadratmeter der Oberfläche eines entsprechend dicken Ölmuttergesteins gäbe in einem Jahr 1 Liter Öl ab, so entspräche das einer Ölschicht von 1 mm Dicke. In tausend Jahren macht das schon einen Meter. Rechnen wir alles Öl sehr reicher Lagerstätten zusammen, so kommen wir, sagen wir auf 100 m Öl; dafür würden wir 100000 Jahre brauchen. Aber die jüngsten Öllagerstätten, die wir kennen, sind schon wenigstens 1 Million Jahre alt.

Mag ein Ölmuttergestein noch so viel Öl haben, so kommt es doch für eine wirtschaftliche Öllieferung nicht in Frage: das Öl wird viel zu langsam abgegeben. Aus den Sanden und anderen grobporigen Schichten aber wird das Öl sehr rasch abgegeben, und daher kommen besonders für die kleinen Löcher unserer Bohrungen nur solche grobporige Schichten als nutzbare Öllagerstätten in Frage. Das Ölmuttergestein hat in Tausenden von Jahren das Öl an die Sande abgegeben, wir nehmen es in ein paar Jahren wieder heraus.

Bei dieser Einwanderung des Öls in die Sande ist die Erscheinung von Bedeutung, daß Sande einer stetigen Formänderung nicht fähig sind — im Gegensatz zu den Tonen, die stetig verformt werden können. Wenn man Sande verformen will, so muß man erst die Sandkörner, die zwischeneinander eingreifen, aus den Zwischenräumen so weit herausheben, daß wieder eine seitliche Bewegung möglich ist. Ehe ein Sand verformt werden kann, müssen infolge des Auseinanderrückens der Sandkörner seine Hohlräume sich vergrößern. Dabei ist der Sand bestrebt Flüssigkeit oder Gas anzusaugen. Steht nun der Sand zu einer solchen Zeit mit einer wasser-

oder ölführenden Kluft in Verbindung, so wird er dieses Öl ansaugen. Danach hat der Sand das Bestreben, sich wieder zu setzen und dabei Flüssigkeit abzugeben. Bei der sperrigen Natur der Sandkörner scheint aber oft eine Lagerung der Sande beibehalten zu bleiben, die recht lose gepackt ist. An Proben von lockeren Sanden kann man das natürlich nicht erkennen, weil der Aufbau bei der Entnahme der Probe zerstört wird. Wenn aber die Zwischenräume zwischen den Sandkörnern (z. B. durch Kalk oder Kiesel) verkittet sind, dann kann man solche Strukturen beobachten. So hat z. B. der Bradfordsand in Amerika einzelne Poren, die an 90mal größer sind als die Sandkörner und die von den Sandkörnern gewölbeartig überbrückt werden (Waben- und Flockenstruktur). Dabei ist das verkittende Material um die Sandkörner herum ausgeschieden worden, und verschließt nun die kleinen Normalporen der dichtgelagerten Sandkörner (z. B. der Gewölbe), läßt aber die Großporen frei. Infolge dieser großen Poren ist der Bradfordsand für die Flüssigkeitswanderung sehr geeignet, also ein sehr guter Ölsand, obwohl die Summe seiner Hohlräume nur 8 bis 15% des Raumes beträgt, den das ganze Gestein einnimmt (die Hohlraumsumme ist so klein, weil eben alle kleinen Poren von verkittenden Mineralen ausgefüllt sind). Dagegen haben Tone 40 bis 50% Hohlräume, und taugen doch nicht als Öllieferanten. Es kommt eben nicht auf die Summe der vorhandenen Hohlräume an, sondern auf die Beweglichkeit der Flüssigkeit in den Hohlräumen. Diese Beweglichkeit aber hängt ab von der Größe und vom Zusammenhang der Hohlräume.

Nicht allzu selten stehen Erdöle unter Drucken, die größer sind als einer Wassersäule entspricht, die von der Oberfläche bis in die betreffende Tiefe reichen würde. Der Gebirgsdruck und der Überlagerungsdruck sind zu klein um die Sandkörner zu zerdrücken, und solange das nicht geschieht, wäre Flüssigkeit in den Lücken zwischen den Sandkörnern durch die Verkeilung (Gewölbebildung) der Sandkörner vor der direkten Einwirkung des Druckes geschützt. Aber aus den stetig verformbaren Tonen der Ölmuttergesteine können die gebirgsbildenden Kräfte Öl herauspressen, und dieses Öl steht dann unter dem Gebirgsdruck, das heißt es nimmt einen kleineren Raum ein als unter normalem Druck. Dieses Öl (oder auch Wasser usw.) kann nun in Schichten mit niederem Druck hineingepreßt werden und drängt die dort schon vorhandene Flüssigkeit zusammen. Durch dieses Zusammenpressen steigt nun auch in dieser Schicht der Druck an. Wir kennen nun derartige Überdrucke bis zu einer Höhe, die etwa dem Gewicht der überlagernden Gesteinssäule entspricht; höher kann der Druck nicht ansteigen, denn sonst würde die überlagernde Gesteinssäule gehoben (der Zusammenhang der Gesteine, ihre „Beanspruchbarkeit auf Zugspannungen", ist sehr gering; denn nicht die Eigenschaft eines aus festem Gestein geschnittenen Stückes kommt in Frage, sondern die Gesamteigenschaft der von zahlreichen Schwächezonen, Klüften usw. durchsetzten Schicht). Es wurden (im Khaurfeld in Indien) Drucke gemessen, die bis zu 200 Atmosphären höher waren als der Druck einer bis zur betreffenden Tiefe reichenden Wassersäule (1 Atmosphäre ist der Druck von 1 kg auf den Quadratzentimeter; der Druck in den Kesseln der Lokomotiven beträgt höchstens 25 Atmosphären). Daß solcher hoher Druck tatsächlich auf die Zusammendrückbarkeit eingepreßter Flüssigkeit zurückgeht, geht daraus hervor, daß der Druck solcher Ölfelder bei der Förderung meist viel rascher abfällt als in gewöhnlichen Ölfeldern. — Eine so gespannte Flüssigkeit kann natürlich auch starke Widerstände bei der Wanderung überwinden; sie würde nicht nur eine Wassersäule, sondern im erwähnten Fall auch eine $2^1/_2$mal schwerere Flüssigkeit in einer bis zu Tage reichenden Kluft heben können. So stark können die Kräfte sein, mit denen wir bei der Wanderung des Öls zu rechnen haben! Natürlich hält sich ein so hoher Druck in einem so unvollkommen geschlossenen Speicher, wie ihn eine Erdschicht bildet, nicht über sehr lange Zeit. Wir finden daher übermäßig hohe Drucke nur dort, wo die Gebirgsbildung noch vor kurzer Zeit tätig war; die höchsten Drucke finden wir z. B. am Himalaja, wo die Gebirgsbildung heute noch andauert.

Etwas anders muß die Lagerstättenbildung dort verlaufen, wo sich Erdöl in ganz flach geneigten Schichten (Neigungen oft unter 1°!) findet, wie z. B. im Mittelteil der Vereinigten Staaten. Hier kann nicht der Faltungsdruck, sondern nur der Überlagerungsdruck das Öl aus den Tonschichten austreiben, und für das Zusammentreiben des Öls gegen die höchsten Schichten ist in erster Linie der Schwereunterschied zwischen Öl und Wasser verantwortlich. Auch die verschiedene Oberflächenspannung von Öl und Wasser kann eine Rolle spielen, denn frisches (nicht oxydiertes) Öl wird durch Wasser von Mineraloberflächen vertrieben. Aber dieses Austreiben und Zusammentreiben des Öls durch Wasser ist ein sehr langwieriger Vorgang, und es ist deshalb wohl kein Zufall, daß unter solchen Bedingungen entstandene Öllagerstätten nur in *alten* Schichten *viel* Öl enthalten.

Auch in den stark gefalteten Lagerstätten ist ja die *Verteilung* von Gas, Öl und Wasser durch die *Schwere* der Flüssigkeiten bedingt; aber schon die *Einwanderung* ist im *Scheitelgebiet* der Falten oder am *Rand* der *Salzstöcke* erfolgt, und die Wanderungen innerhalb der Schichten waren daher nicht weit. Wir finden in jüngeren Lagerstätten auch häufig heute noch unausgeglichene Zustände: die Grenzlinie zwischen Öl und Wasser liegt oft nicht in einer Ebene, sondern greift in der Zerrüttungszone der Sattelachse tiefer hinab als auf den Flanken, und auf der steilen Flanke tiefer als auf der flachen Flanke. Ja in einem Fall (Ceptura in Rumänien) konnten wir sogar innerhalb einer Schichtreihe Wasser *über* Öl nachweisen: der ursprünglich *höchste* Punkt eines Sattels liegt infolge weitergehender Faltung heute in *tieferer* Lage, aber diese *früher höchste* Zone enthält noch immer das *Erdöl*; die *heute höchste* Stelle lag ursprünglich *tief*, in der Zone der *Wasserführung*, und führt auch heute noch *Wasser*. Die seit der letzten Faltung verflossene Zeit (sicher 1 Million Jahre) hat nicht ausgereicht, um die Öl-Wasser-Verteilung der neuen Lage anzupassen (aber die Verschiebung scheint begonnen zu haben).

Ein wesentliches Hindernis bei den Verschiebungen innerhalb einer Schicht liegt ja darin, daß die Schichten meist nicht einheitlich zusammengesetzt, sondern durch abdichtende Zonen mit Tongehalt, durch Tonlagen (Kreuzschichtung) und dergleichen unterteilt sind. Es braucht hohe Druckunterschiede oder Klüfte und wohl auch einiges Rütteln der Schichten (Erdbeben) um diese Schwierigkeiten zu überwinden; es braucht also lange Zeit. Die Behinderung des Strömens innerhalb einer Schicht können wir schon daraus entnehmen, daß die Analyse von Wassern einer und derselben Schicht, selbst von nahe benachbarten Punkten, recht verschieden sein können; die Wasser innerhalb der Schicht können sich also nicht frei vermischen.

Faltungsdruck oder Überlagerungsdruck treiben das Öl aus den Tongesteinen. Es wandert dann auf Klüften, in denen wir noch gelegentlich Restprodukte dieser Wanderungen (Erdwachs, Asphalt, verhärteten Schlamm) finden. Wo die Klüfte eine poröse Schicht antreffen, dort wandert das Öl in diese Schichten ein, wird oft in sie unter Druck eingepreßt, oder von Sanden im Zustand der Formänderung angesaugt. Mit dem Öl wandert das typische Begleitwasser. Die im Öl und Wasser gelösten Gase helfen bei der Wanderung in ähnlicher Weise wie in einer Siphonflasche.

Reicht eine ölführende Kluft bis an die Oberfläche, oder wird ein ölführender Sand von einem Tal angeschnitten, so ergießen sich Öl, Gas oder Wasser an die Oberfläche, und die Lagerstätte wird zerstört. Etwas Ähnliches machen wir in den Bohrungen, nur fangen wir dabei das Öl und Gas auf. Um die natürlichen Austrittstellen von Öl oder Wasser auf Klüften lagert sich oft der mitgeführte Schlamm ab und es entstehen vulkanartige Bauten, die Salsen (Abb. 18, 19, S. 44); auch sie sind Zeugen der begonnenen Zerstörung von Öllagerstätten. In den Salsen wird vorwiegend gashaltiges Wasser gefördert. Wo vorwiegend Öl gefördert wird, dort entstehen an der Oberfläche „Pechseen" (Trinidad, Bermudas) oder Asphaltlager („Kir"-Lager am Kaukasus). Wo Paraffinöl in Klüften offen stehen bleibt (bei geringem Gasdruck) dort entsteht Erdwachs; aus Asphaltöl entsteht unter gleichen Umständen Asphaltit (Reinasphalt). Die Asphalttone, Asphaltsande, Asphaltkalke entstehen aus Ölinprägnationen bei langdauernder allmählicher Oxydierung durch wäßrige Lösungen mit sauerstoffhaltigen Salzen.

III. Aufsuchen, Gewinnung und Verarbeitung des Erdöls.

Zunächst geht die Ölsuche stets von Gegenden aus, wo man an der Oberfläche „Ölanzeichen", das sind Ölquellen, „Teerkuhlen", Asphaltlager, Erdwachsgänge, Gasaustritte, Schlammvulkane oder dergleichen beobachten kann. In der Umgebung dieser Vorkommen suchen wir dann die für die Ansammlung von Öl günstigen Stellen; das sind die Scheitelzonen der Sättel, hochliegende Teile von Schuppen und Schollen, aufgebogene Schichtränder an Salzstöcken usw.

Diese Stellen suchen wir an der Erdoberfläche durch Beobachtung der Schichtlage festzustellen (Abb. 6 bis 8). Wenn die Erdoberfläche aber durch Felder, Flußschotter, Sümpfe oder dergleichen verhüllt ist, dann suchen wir die Lagerung der Gesteine durch die Geophysik zu erforschen. So ist z. B. das Salz leichter als die anderen Gesteine, und wir können daher durch Messungen der Schwereanziehung der Erde die Lage verhüllter Salzmassen feststellen, wenn die Begrenzungsflächen dieser Salzmassen steil in die Tiefe gehen. — Salz und Kalk leiten Erschütterungswellen, die bei Sprengungen entstehen, schneller fort als Sande, auch werfen sie solche Erschütterungswellen stark zurück. Wir können also, aus Messungen der Laufzeit solcher Erschütterungswellen, Lage und Tiefe von Kalk, Salz und dergleichen feststellen. — Durch Messungen der örtlichen Störungen des magnetischen Erdfeldes können wir auf Einlagerungen von Schichten, Stökken usw. schließen, die stärker oder schwächer magnetisch sind als ihre Umgebung. — Durch Messung künstlich erzeugter elektrischer Felder in den Erdschichten können Einlagerungen festgestellt werden, die ein höheres elektrisches Leitungsvermögen als ihre Umgebung haben. —

Alle diese geophysikalischen Methoden aber zeigen uns nur die Verteilung von Gesteinskörpern; aus dieser Verteilung können wir dann einen Schluß auf den geologischen Aufbau ziehen. Es gibt heute noch kein Hilfsmittel, mit dem Erdöl direkt festgestellt werden könnte. Die Gesellschaften, welche geophysikalische Untersuchungen vornehmen, sind meist um so besser, je weniger sie versprechen.

Alles, was wir tun können, ist, jene Orte festzustellen, welche günstig für die Ansammlung von Erdöl sind. Aber ob sich an diesen Orten tatsächlich Öl findet, können wir nicht sagen. Dagegen können wir mit großer Sicherheit weite Gegenden bezeichnen, in denen sich kein Erdöl findet, und können so nutzlose Bohrungen verhindern.

Es sind das alle jene Gegenden, in denen Gesteine vom Muttergesteinstypus nicht vorkommen, also insbesondere die Gebiete von magmatischen Tiefengesteinen (Granit, Diorit usw.), oder Gebiete, in denen die Gesteine Umbildungen unter hohem Druck und/oder hoher Temperatur durchgemacht haben (metamorphe Gesteine, kristalline Schiefer, z. B. Gneis, Glimmerschiefer).

Umgekehrt können wir Gegenden, in denen Gesteine vom Muttergesteinstypus bekannt sind, als erdölhöffig bezeichnen, obwohl damit noch kein Beweis für das tatsächliche Vorhandensein von nutzbaren Erdöllagerstätten gegeben ist. Aber in Gebieten ohne oberflächliche Erdölanzeichen, wie z. B. im größten Teile Deutschlands, ist dies die einzige Möglichkeit, von einem blinden Absuchen aller Sättel und Salzstöcke zu einer vernünftigen Beschränkung der Ölsuche zu kommen. Diesen „geologischen Voraussetzungen für das Auftreten von Erdöllagerstätten" wird daher auch bei der Ansetzung der Reichsbohrungen (Prof. A. BENTZ) Rechnung getragen. Eine möglichst scharfe und enge Kennzeichnung der Muttergesteine ist hierzu nötig, und das ist ein wesentliches Ziel meiner Arbeiten und dieser Darstellung.

Wenn man verborgene Öllagerstätten in Gegenden suchen soll, in denen kein Erdöl, Asphalt oder Erdwachs an der Oberfläche vorkommt, dann tut man gut sich zu überlegen, daß alle anderen sogenannten Ölanzeichen nicht unbedingt auf Öl zu deuten brauchen. Erdgase und typische Ölfeldwasser können auch von bituminösen Ablagerungen ausgehen, die kein Erdöl gebildet haben. Ja auch die Oberflächenanzeichen von Öl, Asphalt oder Erdwachs geben noch keine Gewähr für eine nutzbare Öllagerstätte in der Tiefe; in geringer Tiefe kann bereits Wasser folgen, oder alles Öl kann zu Asphalt oder Erdwachs usw. umgewandelt sein. Letzten Endes gibt stets erst eine Bohrung Aufschluß über das Vorhandensein von Erdöl, und besonders über das Vorhandensein von wirtschaftlich ausreichenden Mengen. Denn eine

Bohrung kostet viel Geld (bis 1000 m etwa 200 bis 250 Mark per m), und es muß schon viel Öl da sein, wenn eine Bohrung sich bezahlt machen soll. Dazu kommt noch die Unregelmäßigkeit der Ölverteilung, besonders in armen Lagerstätten (z. B. in Deutschland), die es bedingt, daß eine erfolgreiche Bohrung meist auch noch die Kosten einiger erfolgloser Bohrungen tragen muß. Nur ein sehr

Abb. 28. Schlagbohrungen im Doftana - Tal bei Câmpina, Rumänien. Hinter den Bohrtürmen, die dem Ein- und Ausfördern des Bohrgestänges und der Bohrrohre dienen, stehen die Häuschen mit den Maschinenanlagen.

kapitalkräftiges Unternehmen sollte sich also mit Erdölbohrungen befassen.

Das älteste Bohrverfahren besteht darin, daß man einen schweren Stahlmeißel, der an Stahlstangen oder an einem Seil hängt, abwechselnd hebt und fallen läßt; dabei zerschlägt der Meißel das Gestein. Das zermalmte Gestein mischt sich mit dem im Bohrloch stehenden Wasser; der Schlamm wird entweder von Zeit zu Zeit durch einen Hohlzylinder mit löffelartigem Unterende entfernt, oder es wird Wasser auf den Grund der Bohrung gepumpt und dieses Wasser nimmt beim Aufsteigen bis zum Überfließen den Schlamm mit. — Solche Schlagbohrungen (Abb. 28) kannten die Chinesen schon vor 2000 Jahren und bohren heute noch damit 1000 m tief auf Salzsole und Erdgas (in Tseliutsin, Provinz Szetschwan).

Das moderne Bohrverfahren (Rotary) bedient sich eines an Stahlstangen angeschraubten drehbaren Meißels. Auch die Stahlstangen untereinander sind verschraubt, bis zur nötigen Länge, die der Tiefe des Bohrlochs entspricht. Die Stahlstangen („Gestänge“) sind hohl, durch sie wird die Spülung hinuntergepumpt, die beim Aufsteigen im Bohrloch den Bohrschlamm zur Oberfläche befördert. Das Gestänge wird an der Oberfläche gedreht, und dreht in der Tiefe den Meißel mit. Dieser hat die Form eines Fischschwanzes (Abb. 29), die Schneide springt links von der Mitte vor, rechts zurück. Bei jeder Umdrehung wird ein Span des Gesteins abgehohen; die Spandicke liegt zwischen 0,02 mm (Sandstein) und 2 mm (Ton).

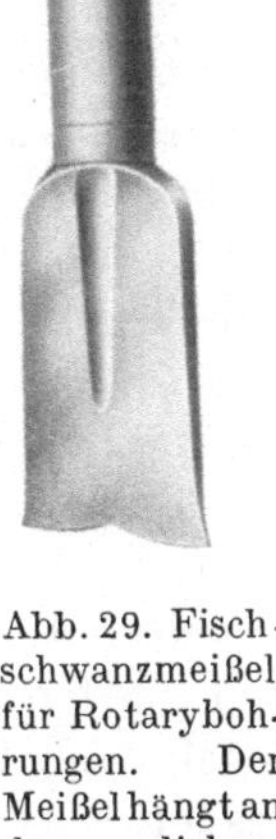

Abb. 29. Fischschwanzmeißel für Rotarybohrungen. Der Meißel hängt an dem dicken, hohlen Bohrgestänge, durch das die Spülung hinuntergepumpt wird.

Während des Bohrens schwingt das Gestänge im Pumpenrhythmus, weil es sich bei jedem Pumpenstoß etwas in der Breite ausdehnt und in der Länge verkürzt. Wegen dieser Schwingungen, und wegen des Hängenbleibens des Meißels am Gestein, geht die Drehung des Meißels ruckartig vor sich: der Meißel bleibt hängen, das Gestänge wird verdreht, der Meißel bricht Gestein los und eilt rasch vor; dieses Voreilen infolge der Verdrillung des Gestänges geschieht rascher als die Bewegung des Drehtisches an der Oberfläche; damit es dabei nicht zu Schlägen kommt, baut man neuerdings einen Freilauf ein, mittels dessen das Gestänge den Drehtisch überholen kann. — Alle tiefen Bohrungen sind nach diesem System gebohrt. Es gibt etwa ein Dutzend Bohrungen, die tiefer als 3000 m sind; die tiefste

Bohrung ist augenblicklich McElroy 103 in Westtexas mit 3897 Metern.

Das Bohrverfahren der Zukunft dürfte der Turbinenantrieb an der Bohrlochsohle sein, den der russische Ingenieur KAPPELJUSCHNIKOFF erfunden hat.

Der Bohrmeißel wird im Laufe des Bohrens stumpf und muß dann gewechselt werden. Dazu ist es nötig, daß die Stangen (das Gestänge), an denen der Meißel hängt, herausgezogen werden. Auch wenn man an Stelle des gewöhnlichen Bohrmeißels einen Spezialmeißel oder den Kernnehmer verwenden will, muß das Gestänge erst gezogen, dann wieder eingefahren werden. Um nun eine möglichst große Gestängelänge ziehen zu können, ohne sie auseinanderschrauben zu müssen, errichtet man über dem Bohrloch den hohen Bohrturm (Abb. 28).

Um den Meißel in hartem Gestein lange scharf zu erhalten, besetzt man die Schneide mit harten Spezialstählen; der Preis einiger dieser Spezialstähle entspricht ihrem Gewicht in Gold. — Statt des spanabhebenden Meißels der Rotarybohrungen (Abb. 29) verwendet man vielfach einen Apparat aus mehreren Zahnkegeln oder schneidentragenden Zylindern (Abb. 30). Diese Kegel oder Zylinder sind so angeordnet, daß die Zähne oder Schneiden bei ihrem Umlauf zunächst über den Boden des Bohrloches gewälzt werden und dort das Gestein zerbrechen, bei der weiteren Umdrehung des Zylinders oder Kegels entfernen sich die vorspringenden Teile vom Boden und greifen zwischen die vorspringenden Teile der Nachbarkegel oder Zylinder des Apparates; auf diese Weise wird das etwa zwischen den Vorsprüngen haftende Gestein entfernt, der Apparat reinigt sich also selbst. Die tiefsten Bohrungen der Welt sind mit solchen Zahnkegeln ausgeführt worden.

Das beim Bohren zertrümmerte Gestein kommt als Schlamm an die Oberfläche. Ein Wiedererkennen geologischer Schichten ist dabei fast unmöglich. Um ganze Gesteinsstücke für die geologische Untersuchung zu erhalten, bohrt man einen ringförmigen Hohlraum ins Gestein, und läßt in der Mitte des Bohrloches einen Gesteinszylinder stehen. Dieser wird dann gebrochen und herausgezogen, und zeigt das unveränderte Gestein mit Versteinerungen, Lage der Schichtung usw. (Abb. 30).

Um ein Einstürzen der Wände zu verhüten, verkleidet man die Bohrlöcher mit zusammengeschraubten Stahlrohren (englisch: casing). Infolge der Reibung an den Wänden kann man solche Rohre nicht in unbegrenzt große Tiefen einführen, sondern die Bewegungsmöglichkeit hört einmal auf; dann arbeitet man mit einem kleineren Bohrmeißel weiter und schiebt innerhalb des weiten Rohres eine Reihe schmälerer Rohre vor. Trifft man beim Bohren Wasser, so muß man es absperren, ehe man die Ölschicht anfährt, damit sich das Wasser nicht mit dem Öl vermischt. Das Absperren des Wassers wird dadurch erzielt, daß man das Unterende der Verrohrung in plastischen Ton einpreßt oder durch Zement mit der Wand verbindet. Dabei geht eine Rohrfolge verloren, man muß dann mit kleinerem Durchmesser weiterarbeiten. Es ist daher nötig, möglichst viel Wasser auf einmal zu sperren, ja möglichst alle Wasser erst unmittelbar über dem Ölsand zu sperren. Dazu ist es oft nötig, die Tiefe des Ölsandes auf wenige Meter genau vorherzusagen.

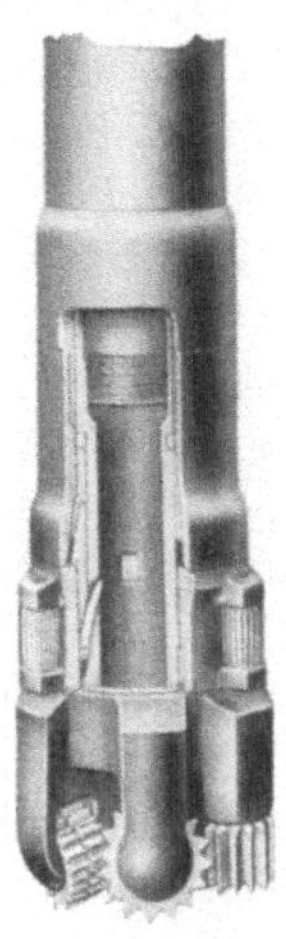

Abb. 30. Dean-Kernapparat mit schneidentragenden Zylindern.

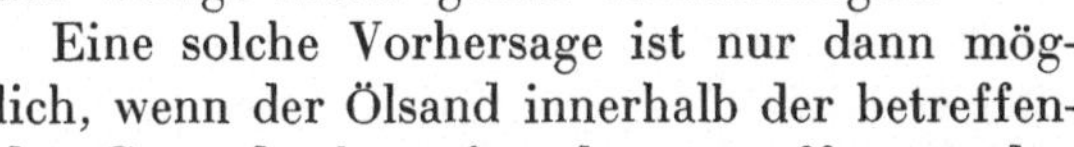

Eine solche Vorhersage ist nur dann möglich, wenn der Ölsand innerhalb der betreffenden Gegend schon einmal angetroffen worden ist. Man mißt dann an den bekannten Stellen den Abstand zwischen Ölsand und solchen Stellen der darüberliegenden Schichten, die man wiedererkennen kann. Zum Wiedererkennen verwendet man die verschiedensten Kennzeichen der Ablagerungen: den Gesteinswechsel selbst kann man meist nicht verwenden, denn es ist sehr selten, daß irgendeine Schicht (etwa eine Kalkbank oder eine Schicht roten Tons) in einem Schichtstoß nur einmal, an einer einzigen Stelle vorkommt. Öfters schon erlaubt (innerhalb des beschränkten Umfanges eines Ölfeldes) der Gehalt an Schwermineralien (die man mittels Bromoform abtrennt) eine Kennzeichnung; das Mengenverhältnis der einzelnen Schwermineralien ist in aufeinanderfolgenden Schichten oft recht verschieden. Am häufigsten aber verwendet man den Versteinerungsinhalt für die Kennzeichnung der Schichten, denn das ist stets die sicherste Kennzeichnung. In vielen Gesteinen, in denen man mit freiem Auge keine Versteinerungen erkennen kann, finden sich doch mikroskopisch kleine Formen (Abb. 23, S. 85; Abb. 26, S. 105). — Neuerdings verwendet man mit viel Erfolg innerhalb einigermaßen bekannter und nicht allzu kompliziert gebauter Ölfelder die Kennzeichnung durch die elektrischen Eigenschaften der Schichten (SCHLUMBERGERS Widerstandsmessungen usw.).

Nun sei also die Öllagerstätte erreicht und die Förderung des Öls beginne. — Wenn der Druck in der Öllagerstätte groß ist und viel Gas vorhanden ist, dann wird das Öl im Bohrrohr bis an die Oberfläche getrieben (Spritzer). Oft genügen Druck und Gas nicht, um das Öl in den weiten Bohrrohren hoch zu treiben, dann hängt man in die Bohrung schmälere Förderrohre (englisch: tubing) und sperrt den Raum zwischen ihnen und der Wandverrohrung ab. Fließt auch darin die Bohrung nicht von selbst über, dann führt man Gas zu; denn das aufperlende Gas reißt Flüssigkeit mit sich und erleichtert das Gewicht der Flüssigkeitssäule, denn der vom Gas eingenommene Raum wiegt fast nichts. Schließlich und endlich kann man das Öl auch pumpen.

Das Zuströmen des Öls zum Bohrloch wird bedingt durch die Ausdehnung der Gase (Gaskappe in den höchsten Schichtteilen) oder durch die Ausdehnung und das Vorrücken des „Randwassers“ (vgl. Abb. 9). Wenn der Druck in einer Schicht sehr nachgelassen hat und daher das Öl nicht mehr rasch genug zu den Bohrungen getrieben wird, dann kann man den Druck erneuern. Man preßt dazu durch einige alte Bohrungen Gas unter hohem Druck in die Schicht. Dieses Gas treibt wieder einen Teil des Öls vor sich her; dieses Öl kann dann in Bohrungen, die zwischen den gasführenden Bohrungen liegen, gewonnen werden. Die Zufuhr von Wasser statt Gas hat sich nur in Ausnahmefällen gelohnt (Bradford). Wasserzufuhr ist nicht zu empfehlen, weil dadurch die Lagerstätte ruiniert wird.

Die Erdölvorräte der Welt sind viel geringer, als etwa die Vorräte von Kohle oder Eisen. Die Weltwirtschaft verbraucht jährlich mehr Erdöl, als in Gestalt neuentdeckter Lagerstätten zugänglich gemacht wird. Das heißt aber, daß in kurzer Zeit, wohl schon in 25 bis 50 Jahren, ein sehr empfindlicher Mangel an Erdöl eintreten wird. Allerdings bleibt bei den heutigen Förderverfahren ein großer Teil des Erdöls in den Schichten; manches davon wird später im Bergbau gefördert werden können, vieles aber liegt zu tief für die wirtschaftliche Möglichkeit eines Bergbaues. Bei dieser offenbaren Beschränktheit der Ölvorräte ist die Verpflichtung um so größer, mit dem Vorhandenen Haus zu halten.

Eine Erdöllagerstätte ist eine Einheit und müßte als solche abgebaut werden. Heute stehen in den meisten Ölfeldern der Welt die Bohrungen viel zu dicht, weil jeder seinem Nachbarn das Öl wegnehmen will und daher die Bohrungen so nahe an seiner Gebietsgrenze aufstellt als das Gesetz es erlaubt. Durch zu rasche Förderung wird das Gas der Schichten verschwendet, denn das leicht bewegliche Gas eilt dem Öl voraus. Der Gasdruck aber ist die einzige Kraft, die uns das Öl kostenlos zu den Bohrlöchern befördert und in diesen hochtreibt. Bei zu rascher Förderung wird auch das Randwasser zungenförmig gegen die Förderungsstellen vorgezogen, denn auch das Wasser ist beweglicher als das Öl und trachtet diesem vorauszueilen; dabei wird Öl in Linsen von Sand mit kleinen Poren abgeschlossen oder vermischt sich mit Wasser, und geht so größtenteils für die Praxis verloren (die Wiedergewinnung ist meist zu teuer).

In vielen Ölfeldern wird das Erdgas, weil man nichts damit anzufangen weiß, als freie Flamme nutzlos verbrannt. In Texas Panhandle wurden in den Jahren 1932 und 1933 täglich nie weniger als 7,8 Millionen Kubikmeter Erdgas in die Luft abgelassen.

Schlimmer noch als solche Verschwendung ist es, daß gerade die kleinen Ölgesellschaften oft bestrebt sind, einander zu schädigen, indem sie alles geheimhalten, was dem anderen nützen könnte — und dabei von anderen natürlich auch das nicht erfahren, was ihnen selbst nützen würde. Dabei kann ein Fehler bei einer einzigen Bohrung ein großes Gebiet durch Verwässerung vernichten oder doch sehr verschlechtern. Gemeinschaftsarbeit aller an einem Ölfeld beteiligten Gesellschaften liegt also im eigensten Interesse aller.

Das zutage geförderte Rohöl ist eine Mischung verschiedener Flüssigkeiten, in denen auch noch feste Stoffe (Paraffin, Asphalt) gelöst sind. Um alle diese Stoffe zu trennen, destilliert man das Erdöl. Man erhitzt es unter Luftabschluß zu einer bestimmten Temperatur; dabei verdampft ein Teil des Erdöls, und zwar zunächst die leichten Stoffe. Dieser Öldampf wird durch Rohre weitergeleitet und in Kühlvorrichtungen abgekühlt, wobei er sich wieder verflüssigt und aufgefangen wird. Der nicht verdampfte Ölrest wird dann auf eine höhere Temperatur erhitzt; der nun entstehende Dampf wird wieder aufgefangen usw. Man trennt auf diese Weise das Öl in verschiedene „Fraktionen", die aus verschieden schweren, bei verschiedenen Temperaturen siedenden Flüssigkeiten bestehen. Zum Schluß bleibt ein zähflüssiger Rest. Gewöhnlich unterscheidet man folgende Fraktionen: bis 150° oder 170° verdampft das Benzin; von 170 bis 280° das Leuchtöl; von 280 bis 350° das Gasöl oder Solaröl, das in Schwerölmotoren verbraucht wird; was bis 350° nicht verdampft ist, heißt Rückstand, Masut oder Pacura, und wird meist als Heizöl verwendet. Der Rückstand enthält bei den Paraffinölen Vaselin und Paraffin, bei den Asphaltölen Asphalt und eventuell Schmieröle. — Ursprünglich verwendete man zur Verdampfung Kessel; hierbei dauert die Erwärmung lange Zeit. Bei längerer Einwirkung hoher Temperaturen finden aber schädliche Zersetzungen statt; deshalb verwendet man heute statt der Kessel meist Schlangenrohre, in denen sich das Öl rascher erhitzt.

Bei niedrigerem Druck als dem gewöhnlichen Luftdruck verdampfen Flüssigkeiten schon bei niedrigeren Temperaturen. Auf dem Gipfel des Montblanc z. B. siedet das Wasser schon bei 84°. Um also die Destillation des Erdöls bei niedrigen Temperaturen vornehmen zu können, verdünnt man durch Abpumpen von Gas den Gasdruck in den Destillationsgefäßen.

Man kann die Flüssigkeiten aus dem natürlichen Gemisch des Rohöls auch in der Weise trennen, daß man Teile des Gemisches herauslöst. Man vermengt dazu das Rohöl mit einer Flüssigkeit, die sich leicht wieder vom Rohöl scheidet; man verwendet hierzu flüssiges Schwefeloxyd (EDELEANU-Verfahren), Phenol, Kresol, Furfurol und andere Lösungsmittel. Diese Lösungsmittel nehmen nur bestimmte Stoffe aus dem Rohöl auf. So nimmt flüssiges Schwefeldioxyd die aromatischen und andere kohlenstoffreiche (ungesättigte) Kohlenwasserstoffe auf und trennt diese dadurch von den Paraffinen und Naphthenen.

Zur Entfärbung des Öls wird starke Schwefelsäure verwendet, deren Überschuß mit Soda neutralisiert wird. Ferner kann man das Öl bzw. seine Fraktionen auch von schweren färbenden Bestandteilen reinigen, indem man es filtriert. Man verwendet hierzu Filtererden (Bleicherden), die sich mit den färbenden Stoffen beladen, und das Öl hell oder farblos durchlassen.

Da heute von allen Ölfraktionen am meisten Nachfrage nach Benzin herrscht, bemüht man sich, die Benzinausbeute möglichst hoch zu gestalten. Man dampft also zunächst das im Rohöl bereits enthaltene Benzin ab; das sind meist 20 bis 30% des Rohöls, in Extremfällen nichts oder auch 70 und mehr Prozent. Der benzinfreie Rest wird dann unter Luftabschluß, eventuell zusammen mit bestimmten Anregestoffen (Katalysatoren), erhitzt. Dabei spalten sich die Kohlenwasserstoffe in der Weise, daß ein Teil Wasserstoff abgibt, der andere Teil Wasserstoff aufnimmt. In dem wasserstoffaufnehmenden Teil findet sich nun wieder ein höherer Hundertsatz Benzin, der wasserstoffabspaltende Teil wird zum Teil zu Koks. Diesen Spaltvorgang nennt man meist englisch „Cracking“ (Krack-Prozeß).

Beim Spalten entstehen u. a. ungesättigte Kohlenwasserstoffe, die sehr begierig sind. Verbindungen einzugehen. In Spaltbenzinen bilden sich auf diese Weise leicht feste Harze, wobei sauerstoffhaltige Verbindungen als Anregestoffe wirken.

Beim Spaltvorgang wird einem Teil des Öls der Wasserstoff entzogen, der dem anderen Teil zugeführt wird. Es liegt nun nahe, dem Öl Wasserstoff in irgendeiner Form zuzuführen, so, daß etwa das ganze Öl in Benzine überführt werden könnte. Das geschieht in den sogenannten Hydrierverfahren, die den Verfahren der Kohlehydrierung (Leunawerk) entsprechen. Unter Hitze und Druck nimmt das Öl in Gegenwart gewisser Anregestoffe Wasserstoff auf, und bildet sich dabei zu leichteren Ölen um.

Spaltverfahren und Hydrierung bilden aus komplizierteren schweren Ölen einfachere leichte Öle. Den umgekehrten Weg geht ein Verfahren, das aus den gasförmigen Kohlenwasserstoffen der Erdgase Benzin herstellt. Die Erdgase enthalten meist einen gewissen Hundertsatz von Benzin, dem sogenannten „Naturbenzin". Unter den gasförmigen Kohlenwasserstoffen der Erdgase werden neuerdings die schwersten, Propan und Butan, als Motortreibstoffe (z. B. im „Graf Zeppelin"), für Hausbrand usw. in steigendem Maße verwendet. Nunmehr versucht man, die Gasmoleküle (unter Abspaltung von Wasserstoff) zu vereinigen, so daß sich schwerere, flüssige Kohlenwasserstoffe bilden. Man arbeitet bei verschieden hohen Drucken und Temperaturen in Gegenwart von Anregestoffen. Bisher ist das Verfahren nur für die beim Spaltprozeß abfallenden Gase durchgebildet.

Einerseits bemüht man sich also, auf verschiedene Weise die Benzinerzeugung zu erhöhen, andererseits aber gehen die Bestrebungen dahin, Motore statt mit Benzin mit Schwerölen zu betreiben. Letzteres hat den Vorteil erhöhter Betriebssicherheit wegen der geringen Feuergefährlichkeit des Treibstoffes, ferner aber den Vorteil geringeren Treibstoffgewichts für eine bestimmte Leistung. Für Fahrzeuge, die nur kurze Strecken fahren, wird allerdings dieser Gewichtsgewinn mehr als aufgehoben dadurch, daß die Schwerölmotore (Dieselmotore) beträchtlich schwerer sind als die Benzinmotore. Bei ortsfesten Maschinen, und auch bei Schiffen, ist das von geringer Bedeutung. Bei l a n g e n Reisen aber überwiegt die Gewichtsersparnis am Treibstoff, so daß z. B. das Luftschiff „Hindenburg" mit Dieselmotoren ausgerüstet ist, und auch im Flugzeugbau und Automobilbau intensive und erfolgreiche Versuche mit Dieselmotoren gemacht werden.

Die Destillation von Ölschiefern und der Erdölbergbau werden an Bedeutung um so mehr steigen, je weiter der Abbau der großen und reichen Erdöllagerstätten fortschreitet. Die ölarmen Länder versuchen bereits ihren Treibstoffbedarf mit Gasen, durch Destillieren von Holzabfällen, durch Hydrieren von Kohlen usw. zu decken. Wenn also auch der heute herrschende Raubbau am Erdöl in absehbarer Zeit sein Ende hat, so braucht doch deswegen keine Knappheit an Treibstoffen einzutreten. In den ölreichen Ländern, wie in den Vereinigten Staaten, wird allerdings dann der Ölpreis stark steigen. Damit wird die Forschung und die Ölsuche wiederum neuen Antrieb erhalten. Im erdölarmen Deutschland aber müssen wir schon heute alles versuchen, um unsere Bodenschätze an Erdöl, Erdgas und bituminösen Gesteinen nach Lage, Menge und Beschaffenheit kennenzulernen und möglichst rationell auszunützen. Eine genaue Kenntnis der Entstehung der Bitumina ist nötig, um die öl- und gasführenden Gebiete zu finden, und unnütze Bohrungen in hoffnungslosen Gegenden, oder in hoffnungslose Tiefen, zu vermeiden. Auch kann uns eine genaue Kenntnis der Bildungsbedingungen der Bitumina vielleicht Wege zeigen, die wir mit Hilfe der Anregestoffe der modernen technischen Chemie in Fabrikationswege zur Erzeugung von künstlichem oder zur technischen Umbildung von natürlichem Bitumen verwandeln können. Zunächst aber ist eine wesentliche Vermehrung unseres Wissens um diese Dinge nötig, denn Wissen ist Macht.

Zeittafel der Erdgeschichte.

Erdalter	Periode	Formation	Herrschaft von am Land	Herrschaft von im Meer	Erstes Auftreten von
Känozoikum oder Neuzeit der Erde	Quartär	Alluv (Gegenwart)	Laubtragende Blütenpflanzen, Säugetiere und Vögel	Knochenfische und Säugetiere	Mensch
		Diluv (Eiszeit)			
	Tertiär (Braunkohlenzeit)	Pliozän			Alle höheren Säugetiere
		Miozän			
		Oligozän			
		Eozän			
		Paleozän			
Mesozoikum oder Mittelalter der Erde	Kreidezeit	Senon	Blütenlose Pflanzen und Nacktsamer. Saurier	Saurier und Ammoniten	Laubtragende Blütenpflanzen
		Wealden			
	Jura	Malm			Vögel
		Dogger			
		Lias			
	Trias	Rhät			Säugetiere
		Keuper			
		Muschelkalk			
		Buntsandstein			
Paläozoikum oder Altertum der Erde	Perm		Verwandte der Farne, Bärlappe, Schachtelhalme, Lurche und Insekten	Armfüßler, Goniatiten	
	Karbon (Steinkohlenzeit)				Reptilien
	Devon				Lurche
	Silur		Nur spärliche Reste von Landlebewesen	Graptolithen, Dreilappenkrebse, Orthoceras-Verwandte, urtümliche Fische	Fische
	Ordoviz				
	Kambrium				
Urzeit der Erde: Eozoikum			Alle Stämme der wirbellosen Tiere sind bereits vertreten		
Urzeit der Erde: Archaikum			Schwer deutbare Reste von Lebewesen		

Von einer „Sternzeit der Erde“, oder einer „ersten Erstarrungskruste“, ist der Geologie nichts bekannt. Schon zu den ältesten Zeiten, von denen Gesteine erhalten sind, waren die Verhältnisse auf der Erdoberfläche im wesentlichen dieselben wie heute, d. h. das Klima lag zwischen Eiszeit und Tropenhitze.

V. Erklärung von Fachausdrücken.

adsorbieren: manche Stoffe haben die Eigenschaft, an ihrer Oberfläche andere Stoffe anzulagern und festzuhalten. So nehmen Seide, Wolle oder Leinen manche Farbstoffe aus Lösungen auf und halten sie fest. In ähnlicher Weise kann Ton aus Wasser oder Öl manche Stoffe aufnehmen und festhalten; diesen Vorgang nennt man Adsorption (Anlagerung).

Anhydrit ist wasserfreier Gips, wie er z. B. beim „Totbrennen" des Gipses entsteht. Aus eindampfendem Meerwasser scheidet sich Anhydrit ab, der erst später durch Aufnahme von Kristallwasser unter Volumvermehrung in Gips übergeht. Als Folge dieser Volumvermehrung finden wir heute derartige Gipsschichten oft gefältelt (Quellfaltung).

Atome sind die kleinstmöglichen Teilchen der chemischen Grundstoffe, welche noch die chemischen Eigenschaften der Grundstoffe besitzen. Sie sind die Bestandteile der chemischen Verbindungen, der Moleküle.

autotroph nennt man jene Pflanzen, die ihren Körper aus anorganischen Stoffen (Luft, Wasser, Salzen) aufbauen können; sie bilden die Grundlage des Lebens aller Pilze u. Tiere, denn diese sind auf organ. Nahrung angewiesen.

Bitumen: organische Stoffe der Erdölverwandtschaft (Kohlenwasserstoffe, und Verbindungen von Kohlenwasserstoffen mit Sauerstoff, Schwefel od. dgl.). Festes Bitumen ist großenteils in Chloroform, Benzol, Alkohol, Phenol, Kresol usw. löslich; durch Destillation kann man aus festem Bitumen ölartige Stoffe gewinnen.

Chemische Symbole geben die Zusammensetzung der Moleküle aus Atomen an. Jedes Symbol steht für ein Atom, wenn nicht eine rechts unten angefügte Zahl angibt, für wie viele Atome es steht. — C = Kohlenstoff. H = Wasserstoff. N = Stickstoff. O = Sauerstoff. S = Schwefel. H_2S = Schwefelwasserstoff.

Dehydrierung: Entzug von Wasserstoff.

Dolomit ist ein kalkartiges Mineral, dessen Moleküle aus je einem Teil Kalzium-Karbonat und Magnesium-Karbonat zusammengesetzt sind; Dolomit ist also ein „Doppelsalz". Während Kalk mit kalter Salzsäure „braust", d. h. stürmisch Kohlendioxyd entwickelt, geschieht beim Dolomit diese Gasentwicklung nur bei Verwendung heißer Säure.

Dy: Humusstoffe, die durch Flüsse den Seen zugeführt werden, und sich in den Seen als Gallerte ablagern.

Eiweißstoffe: Verbindungen von Kohlenstoff mit Wasserstoff und Stickstoff und oft auch mit Sauerstoff, Phosphor, Schwefel u. a.

Elemente (chemische Grundstoffe) sind Stoffe, die durch chemische Vorgänge nicht in einfachere Stoffe zerlegt werden können. Es gibt auf der Erde 92 Elemente — falls es nicht noch schwerere Elemente als das Uran geben sollte.

Fazies: die ursprüngliche Ausbildung einer Ablagerung und die Verhältnisse des Ablagerungsraumes, die wir aus Gestein, Schichtung und Versteinerungen ablesen.

Flöz: ist ein bergmännischer Ausdruck für „Schicht", der meistens auf Kohleschichten („Kohlenflöze") angewendet wird.

Geochemie: die Lehre von der Verteilung der chemischen Stoffe auf der Erde und von den Ursachen dieser Verteilung, also von den Stoffwanderungen bei den geologischen Vorgängen des Vulkanismus, der Verwitterung, usw.

Hydrate sind Verbindungen von Wasserstoff und Sauerstoff (im Verhältnis 2:1) mit anderen Elementen.

Hydrieren: Einführen von Wasserstoff in chemische Verbindungen. Auf diese Weise kann man aus Kohlen oder festem Bitumen flüssige Treibstoffe (z. B. Benzin) herstellen.

Kohlehydrate sind Verbindungen von Kohlenstoff : Wasserstoff : Sauerstoff z. B. im Verhältnis 1 : 2 : 1 Atome (z. B. Zucker, Stärke).

Kohlensäure (richtig: Kohlendioxyd) besteht aus je einem Atom Kohlenstoff auf 2 Atome Sauerstoff. Durch Zusammentritt mit Wasser bildet sich die eigentliche Kohlensäure, die aber für sich allein nicht bestandfähig ist. Jedoch sind sehr zahlreiche und wichtige Verbindungen bekannt, die von dieser Säure abgeleitet werden können: z. B. kohlensaures Kalzium = Kalk. Die Verbindungen der Kohlensäure heißen Karbonate.

kreß = orangefarbig.

Lignin ist ein kompliziert gebauter Pflanzenbaustoff, dessen Zusammensetzung noch nicht geklärt ist. Es soll etwa 64% Kohlenstoff, 5,5% Wasserstoff, 30,5% Sauerstoff enthalten.

Magma: heißen die feurig-flüssigen Gesteine der Erdtiefe, die z. B. in den Vulkanen als „Lava“ ausströmen.

Moleküle sind die kleinstmöglichen Teilchen eines chemisch einheitlichen Stoffes, welche noch dieselben chemischen Eigenschaften wie der Stoff selbst aufweisen. Moleküle bestehen meist aus mehreren Atomen.

Nitrate sind Verbindungen von Stickstoff und Sauerstoff mit anderen Elementen (Kalium-Nitrat = Kalisalpeter).

Organische Verbindungen nennen wir die Verbindungen des Kohlenstoffes; denn die meisten dieser Verbindungen entstehen in der Natur ausschließlich in den Lebewesen (Organismen).

Oxyd: Verbindung mit Sauerstoff; oxydieren = sich mit Sauerstoff verbinden.

Polymerisation: Vereinigung zweier oder mehrerer gleichartiger Moleküle zur Bildung von Großmolekülen.

Polysaccharide sind (z. B. stärkeartige) Stoffe, die man sich durch den Zusammenschluß vieler (poly) zuckerartiger Stoffe (Zucker = Saccharos) entstanden denken kann.

Salze sind Verbindungen, welche entstehen, wenn der Wasserstoff einer Säure durch Metall ersetzt wird.

Sauerstoff bildet dem Gewicht nach acht Neuntel des Wassers, dem Raummaß nach ein Fünftel der Luft. Die Tiere und die meisten Pflanzen brauchen Sauerstoff zum Atmen. Die Verbindungen des Sauerstoffes heißen Oxyde.

Stickstoff bildet dem Raummaß nach vier Fünftel der Luft. Er ist ein wichtiger Bestandteil der Eiweißstoffe.

„versteinert“ (= fossil) nennt der Geologe alle aus der geologischen Vorzeit erhaltenen Reste, sowohl die Ablagerungen, als die Reste der Lebewesen. Diese Reste müssen dabei keineswegs zu „Stein“ geworden sein. Die eiszeitlichen Mammutleichen im sibirischen Eis sind mit Haut und Haar, Fleisch und Blut, erhalten, und gelten genau so als versteinert (fossil) wie das Eis, das sie enthält (siehe Zittel, Grundzüge der Paläontologie S. 1). „Versteinert“ bezeichnet daher nur das geologische Alter (vor der geologischen Jetztzeit, d. i. dem Alluv). Dagegen bedeutet „verkalkt“, „verkieselt“ usw. eine Durchdringung oder einen Ersatz der betreffenden Stoffe mit Kalk, Kieselstoff usw.

Versteinerung: erhaltener Rest eines Lebewesens der geologischen Vorzeit; muß nicht zu „Stein“ geworden sein (siehe „versteinert“).

Wasserstoff bildet dem Gewicht nach ein Neuntel des Wassers. Es ist das leichteste Gas. Wasserstoff ist ein wesentlicher Bestandteil aller Säuren.

Watten heißen die großen Flächen vor der deutschen Nordseeküste, die bei Ebbe trocken fallen, und bei Flut überflutet werden.

Sachverzeichnis.

* = Abbildung.